发现吧，来思考吧，来动手实践吧

一套实用性体验型亲子共读书

365数学趣味大百科

日本数学教育学会研究部 著

日本《儿童的科学》编辑部 著

卓 扬 译

九州出版社
JIUZHOUPRESS

图书在版编目（CIP）数据

365数学趣味大百科. 12 / 日本数学教育学会研究部，日本《儿童的科学》编辑部著 ; 卓扬译. -- 北京 : 九州出版社, 2019.11(2020.5重印)

ISBN 978-7-5108-8420-7

Ⅰ. ①3… Ⅱ. ①日… ②日… ③卓… Ⅲ. ①数学－儿童读物 Ⅳ. ①01-49

中国版本图书馆CIP数据核字(2019)第237229号

著作权登记合同号：图字：01-2019-7161

SANSU-ZUKI NA KO NI SODATSU TANOSHII OHANASHI 365

by Nihon Sugaku Kyoiku Gakkai Kenkyubu, edited by Kodomo no Kagaku

Original Japanese edition published by Seibundo Shinkosha Publishing Co., Ltd.

This Simplified Chinese language edition published by arrangement with Seibundo Shinkosha Publishing Co., Ltd., Tokyo in care of Tuttle-Mori Agency, Inc., Tokyo through Beijing Kareka Consultation Center, Beijing

来自读者的反馈

（日本亚马逊买家评论）

id：Ryochan

关于趣味数学的书有很多，像这种收录成一套大百科的确实不多。书里介绍了许多数学的不可思议的方法和趣人趣闻。连平时只爱看漫画类书的孩子，不用催促，也自顾自地看起了这本书。作为我个人来说，向大家推荐这套书。

id：清六

这是我和孩子的睡前读物。书里的内容看起来比较轻松，也相对浅显易懂。

id：pomi

一开始我是在一家博物馆的商店看到这套书的，随便翻翻感觉不错，所以就来亚马逊下单了。因为孩子年纪还小，所以我准备读给他听。

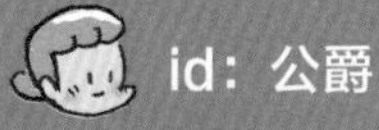

id：公爵

孩子挺喜欢这套书的，爱读了才会有兴趣。

匿名

这是一套除了小孩也适合大人阅读的书，不少知识点还真不知道呢。非常适合亲子阅读。

匿名

给侄子和侄女买了这套书。小学生和初中生，爸爸和妈妈，大家都可以看一看。

id：GODFREE

从简单的数字开始认识数学，用新的角度发现事物的其他模样，这套书让孩子尝试全新的探索方式。数学给我们带来的思维启发，对于今后的成长也大有裨益。

id：Francois

我是买给三年级的孩子的。如何让这个年纪的孩子对数学感兴趣，还挺叫人发愁的。其实不只是孩子，我们家都是更擅长文科，还真是苦恼呢。在亲子共读的时候，我发现这套书的用语和概念都比较浅显有趣，让人有兴致认真读下来。

id：NATSUT

我是小学高年级的班主任。为了让大家对数学更感兴趣，我为班级的图书馆购置了这套书。这套书是全彩的，有许多插画，很适合孩子阅读。

目　录

本书使用指南 ………7

1日 汽车轮胎的二三事 ………8

2日 用直线画出曲线 ………10

3日 今天是 3 万天中的 1 天 ………12

4日 正 2.4 角形是什么 ………14

5日 哪样比较合算？停车场的停车费 ………16

6日 做一顶尖顶帽 ………18

7日 巧克力板还能这么玩 ………20

8日 巧克力游戏的必胜法 ………24

9日 养羊的故事，没有数字的过去 ………26

10日 玩一玩“心”的益智游戏 ………28

11日 货币的诞生与物品的价格 ………30

12日 周长 12 厘米的图形的面积 ………32

13日 怎么通过所有的格子呢 ………34

14日 一日之行始于何时 ………36

15日 按顺序相加的数列——斐波那契数列 ………38

计算中的数学

测量中的数学

图形中的数学

规律中的数学

历史中的数学

生活中的数学

数学名人小故事

游戏中的数学

体验中的数学

目 录

16日 为什么叫甲子园 ………40

17日 这也是视错觉吗③ ………42

18日 转一转 10 日元硬币 ………44

19日 神奇的中间数！ 3 个数的情况 ………46

20日 夜空中浮现的六边形 ………48

21日 偶数和奇数，哪个多呢 ………50

22日 边长延展 2 倍的话会怎样 ………52

23日 有好多种！各国的笔算 ………54

24日 日本蛋糕的大小，“号”是什么 ………56

25日 圣诞节是什么日子 ………58

26日 日本的乘车率是什么 ………60

27日 玩一玩江户时代的益智游戏“剪裁缝纫” ………62

28日 探寻时间的长河 ………64

29日 神奇的时差！国际标准时间 ………66

30日 从 1 层到 6 层要花多长时间 ………68

31日 最后一天的大晦日也要想想数学哦 ………70

本书使用指南

图标类型

本书基于小学数学教科书中“数与代数”“统计与概率”“图形与几何”“综合与实践”等内容，积极引入生活中的数学话题，以及“动手做”“动手玩”的内容。本书一共出现了 9 种图标。

计算中的数学

内容涉及数的认识和表达、运算的方法与规律。对应小学数学知识点“数与代数”：数的认识、数的运算、式与方程等。

测量中的数学

内容涉及常用的计量单位及进率、单名数与复名数互化。对应小学数学知识点“数与代数”：常见的量等。

规律中的数学

内容涉及数据的收集和整理，对事物的变化规律进行判断。对应小学数学知识点“统计与概率”：统计、随机现象发生的可能性；“数与代数”：数的运算等。

图形中的数学

内容涉及平面图形和立体图形的观察与认识。对应小学数学知识点“图形与几何”：平面图形和立体图形的认识、图形的运动、图形与位置。

历史中的数学

数和运算并不是凭空出现的。回溯它们的过去，有助于我们看到数学的进步，也更加了解数学。

生活中的数学

数学并不是禁锢在课本里的东西。我们可以在每一天的日常生活中，与数学相遇、对话和思考。

数学名人小故事

在数学历史上，出现了许多影响世界的数学家。与他们相遇，你可以知道数学在工作和研究中的巨大作用。

游戏中的数学

通过数学魔法和益智游戏，发掘数和图形的趣味。在这部分，我们可能要一边拿着纸、铅笔、扑克和计算器，一边进行阅读。

体验中的数学

通过动手，体验数和图形的趣味。在这部分，需要准备纸、剪刀、胶水、胶带等工具。

作者

各位作者都是活跃于一线数学的教育工作者。他们与孩子接触密切，能以一线教师的视角进行撰写。

日期

从 1 月 1 日到 12 月 31 日，每天一个数学小故事。希望在本书的陪伴下，大家每天多爱数学一点点。

阅读日期

可以记录下孩子独立阅读或亲子共读的日期。此外，为了满足重复阅读或多人阅读的需求，设置有 3 个记录位置。

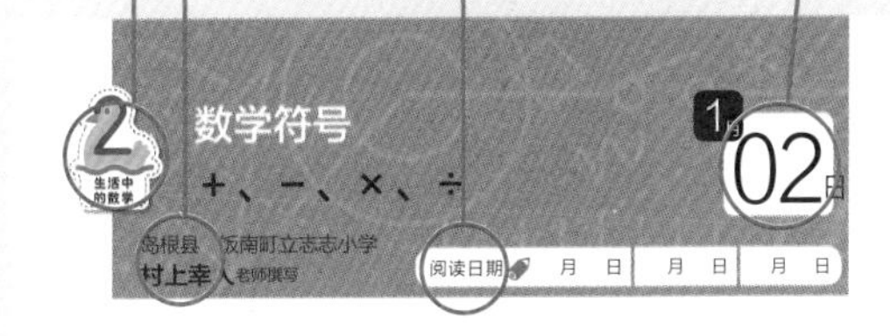
数学符号
＋、－、×、÷
1月 02日
岛根县 饭南町立志志小学
村上幸人老师撰写
阅读日期 月 日 月 日 月 日

“+”与“-”的诞生

在数学中，“2 加 3”“6 减 5”之类的计算我们并不陌生。将它们列成算式的话，就是“2 + 3”“6 - 5”。不过，你知道这里面“+”与“-”是怎么来的吗？

“-”就是一条横线。据说，在航行中，水手们会用横线标出木桶里的存水位置。随着水的减少，新的横线越来越低。

记一记

数学符号的笔顺

按照右边图片所展示的那样记一记“+”“−”“×”“÷”的书写顺序吧！

迷你便签

关于“+”“−”“×”“÷”的来历，除了本书中介绍的故事之外，还有其他的说法哟。大家快来找一找，看看还有什么说法吧！

5

迷你便签

补充或介绍一些与本日内容相关的小知识。

引导“亲子体验”的栏目

本书的体验型特点在这一部分展现得淋漓尽致。通过“做一做”“查一查”“记一记”等方式，与家人、朋友共享数学的乐趣吧！

汽车轮胎的二三事

12月 01日

岩手县久慈市教育委员会
小森笃老师撰写

阅读日期 月 日 月 日 月 日

轮胎透露的信息？

图 1

在汽车轮胎上，会有一串数字和英文字母，用来表示轮胎规格。如图 1 所示，轮胎上标注着“205/55 R16”。如图 2 所示，这些数字和字母背后，都有对应的含义。

如图 3 所示，“205”代表的是轮胎宽度（断面宽度），单位是毫米。数值越大，轮胎的宽度也就越大。

“55”表示的是轮胎断面的扁平率，即断面高度是轮胎宽度的

图 2

55%。数值越大，断面高度越大，轮胎越厚；数值越小，断面高度越小，轮胎越薄（图 4）。

字母“R”是胎体结构标记，表示使用的轮胎类型是“子午线轮胎”。这也是轿车最常用的轮胎类型。

图 3

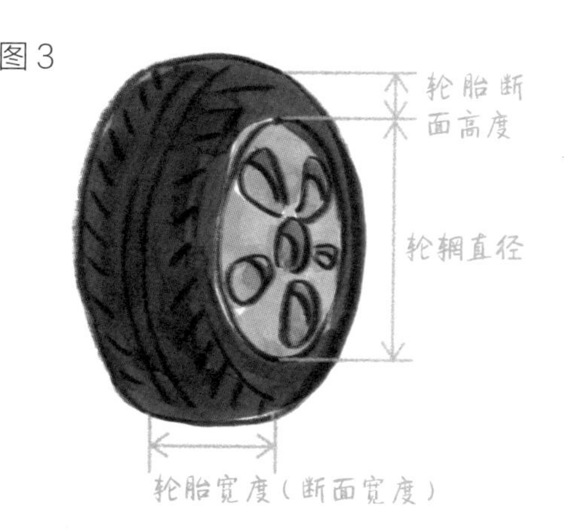

“16”表示的是轮辋直径，单位是英寸（1 英寸 = 2.54 厘米）。轮辋俗称轮圈，是支撑轮胎的部件，与轮辐、轮毂组成车轮。在之前的学习中，我们知道电视机的主屏尺寸也是用英寸来表示的。数值越大，轮胎越大。

图 4

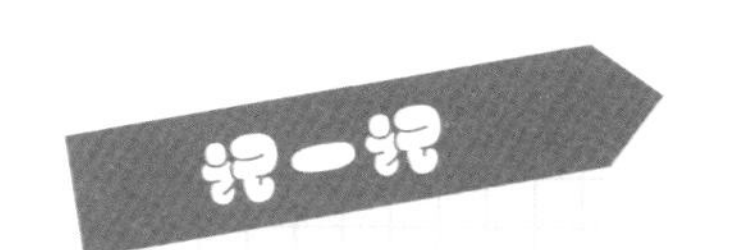

“扁平率”的计算方法

轮胎扁平率的计算方法如下所示。25、55、60……轿车轮胎的扁平率都是 5 的倍数。

扁平率=轮胎断面高度 ÷ 轮胎宽度

在轮胎上，紧跟在“轮辋直径”的数字之后，其实还有一个数字和字母。数字表示“载重系数”，字母表示“速度系数”。

用直线画出曲线

12月 02日

御茶水女子大学附属小学
冈田纮子老师撰写

阅读日期　月　日　月　日　月　日

直线可以画出曲线？

笔直的直线，弯曲的曲线，它们有什么联系吗？画出许许多多的直线，可以组成类似曲线的图案。来画一画，是真是假，试过便知。

【画法】

连接两点，这两点代表的数之和是 11。如图 1 所示，用尺子画出符合条件的直线吧。

图 1

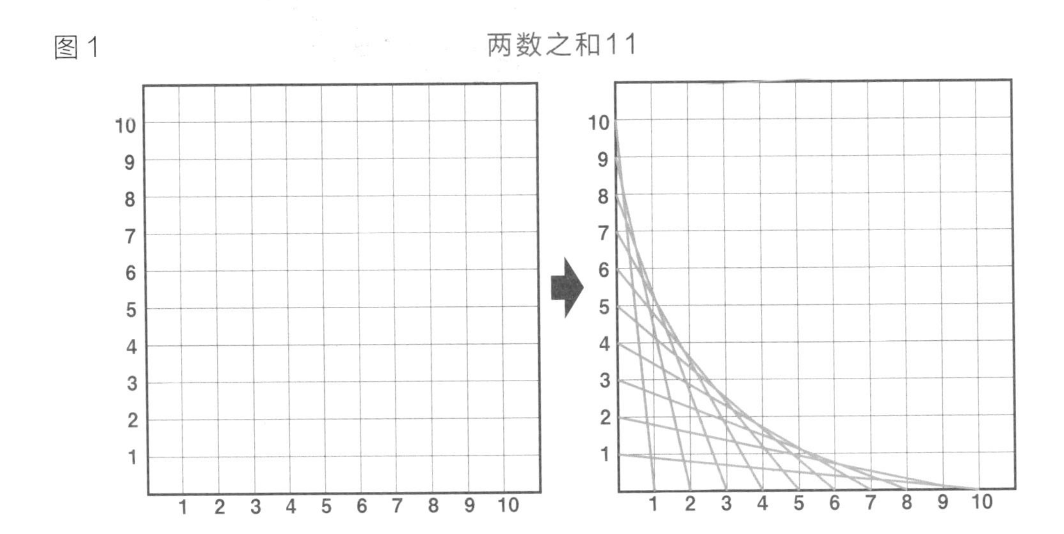

直线画出漂亮的图案

如图 1 所示，随着连接点的增加、直线的增加，曲线越来越明显了。不同曲线的组合，不同颜色的，会带来属于你的图案（图2、图3）。

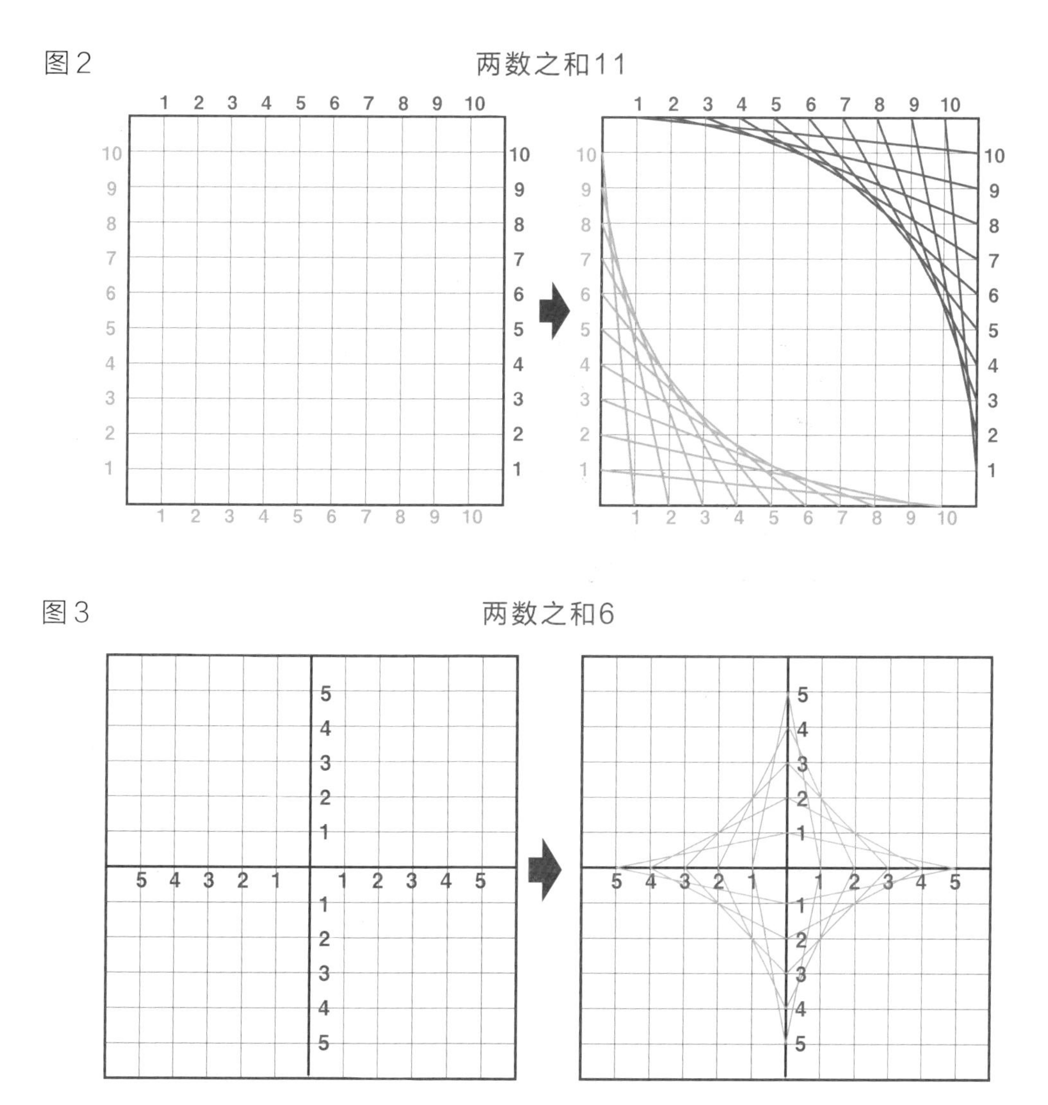

一般来说，尺子被定义为用来画线段、测量长度的工具。而在日本，有两把尺子："日本竹尺"主要用来测量长度，"普通尺子"主要用来画直线（见4月2日）。

今天是 3 万天中的 1 天

12月 03日

高知大学教育学部附属小学
高桥真老师撰写

阅读日期 月 日 月 日 月 日

今天是出生后的第几天？

假设 1 年是 365 天。如果今天是你的 10 岁生日，那么你已经度过了 9 年加 1 天的时光，即 365 天 ×9 年 + 1 天，365×9 + 1 = 3286 天。如果今天是你的 11 岁生日，运用相同方法，可以知道你已经度过了 3651 天。

人的一生有多少天？在日本，有很多 80 岁以上的高龄老人。日本国民的平均寿命已连续多年居世界第一位。我们假设人的寿命为 83 岁，并用 83 进行之后的计算。365 天 ×83 年 = 30295 天。根据这个假设可以推出，日本国民的一生约有 3 万天。

我们花了 27 年来睡觉？

在 3 万天中，我们跑步、进食，进行各种活动。有动也有静，睡觉也许就是最安静的时刻。你认为，我们会花上多少时间在睡觉这件事上？假设一天的睡眠时间为 8 小时，那么睡眠就占到一天 24 小时的$\frac{1}{3}$。也就是说，我们会在人生的 3 万天中，拨出 1 万天给甜甜的睡梦。按照年来计算，就是 27 年。

按照这样的思路，对于时间，我们好像会产生其他的看法。比如，每天都玩 1 小时电子游戏的人，一生就会花上 1250 天在游戏上。如果每天玩 2 小时就是 2500 天，每天玩 3 小时就是 3750 天！这一下子，就超过了 10 岁小伙伴的所有时间。

所谓今天，是 3 万天中平常而又重要的 1 天。你是怎么度过今天的？

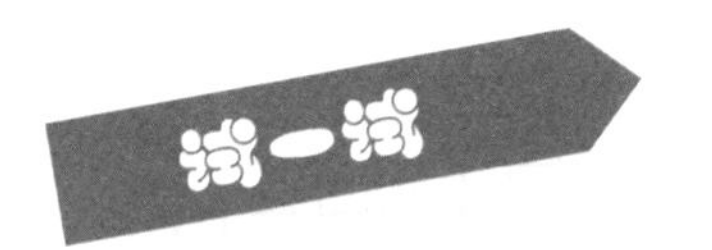

你度过了多少秒？

刚刚，我们学习了如何计算度过的天数。再来问自己一个问题，你度过了多少秒？1 天是 24 小时，24 小时是 1440 分钟，1440 分钟是 86400 秒。把我们度过的天数乘以 86400，就可以知道已经度过了多少秒。对于在今天迎来 10 岁生日的小伙伴来说，他们正站在人生的 283910400 秒上（假设此时此刻是出生的时间）。

四年一次，我们与“闰年”相遇，闰年有 366 天。在今天的讨论中，为了方便计算，我们假设一年都是 365 天。

正 2.4 角形是什么

12月 04日

筑波大学附属小学
盛山隆雄老师撰写

阅读日期 月 日 月 日 月 日

正多边形是什么？

各边相等、各角也相等的多边形，叫作正多边形。看着手表的表盘，来画一画正多边形吧。

连接每 1 小时的点，可以画出正十二边形（图 1）；连接每 2 小时的点，可以画出正六边形（图 2）；连接每 3 小时的点，可以画出正方形（图 3）；连接每 4 小时的点，可以画出正三角形（图 4）。

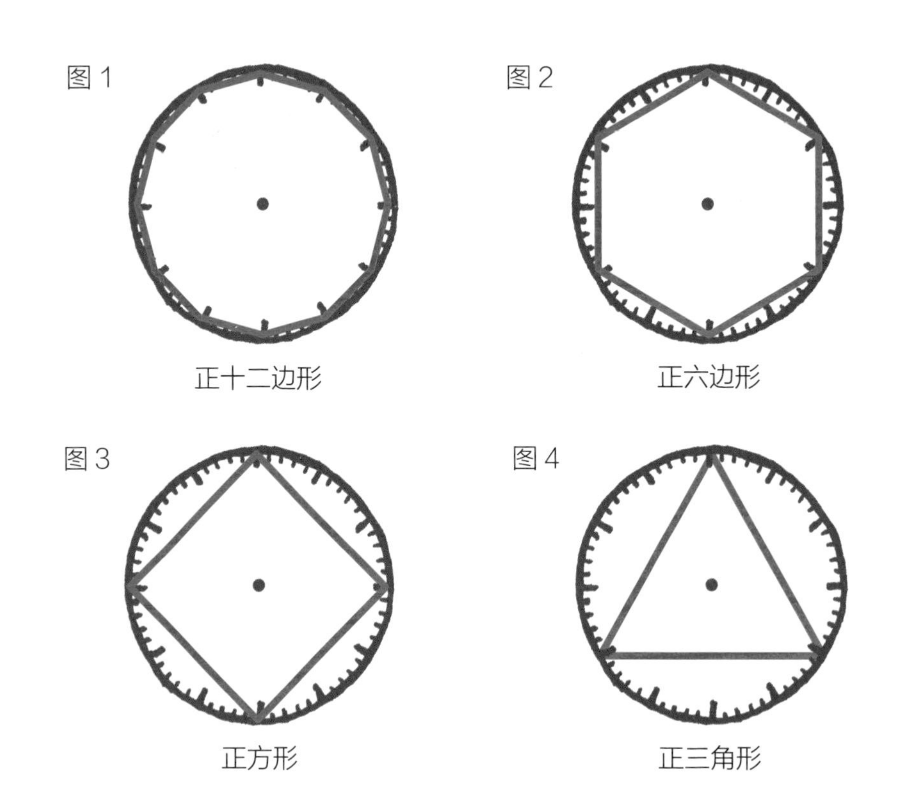

那么，连接每 5 小时的点，可以画出什么形状呢？

正 2.4 边形是什么？

画好之后，在我们的面前出现了一个非常漂亮的星星（图 5）。

表盘上有 12 个刻度，连接每 2 小时的点，12÷2 = 6，画出的就是正六边形；连接每 3 小时的点，12÷3 = 4，画出的就是正方形；连接每 4 小时的点，12÷4 = 3，画出的就是正三角形。

因此，如果连接 12 个刻度中的每 5 小时的点，12÷5 = 2.4，画出的就是正 2.4 角形（正$\frac{12}{5}$角形）。像星星一样的正多边形，叫做正星形多角形。

我们身边有各种各样的正多边形，走进 5 月 31 日的科学照相馆，大家可以品味正多边形的趣味和美好。

哪样比较合算？停车场的停车费

12月05日

神奈川县川崎市立土桥小学
山本直老师撰写

阅读日期　月　日　月　日　月　日

停车场的停车费

在日本，经常能看到竖着○分□日元牌子的小型停车场。这种停车场在住宅区、商业区随处可见。

如下图所示，这是 2 个停车场的收费标准。如果它们都在附近，你会选择停在哪个停车场？

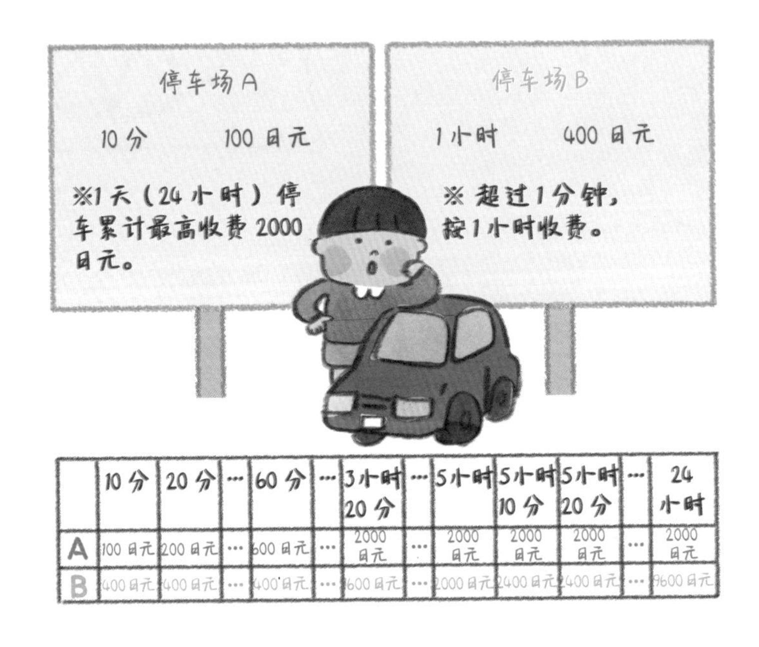

	10 分	20 分	…	60 分	…	3 小时 20 分	…	5 小时	5 小时 10 分	5 小时 20 分	…	24 小时
A	100 日元	200 日元	…	600 日元	…	2000 日元	…	2000 日元	2000 日元	2000 日元	…	2000 日元
B	400 日元	400 日元	…	400 日元	…	1600 日元	…	2000 日元	2400 日元	2400 日元	…	9600 日元

哪种比较合算？

停车场 A 的收费标准是每 10 分钟 100 日元。因此，30 分钟收费 300 日元的时候，比停车场 B 合算；50 分钟收费 500 日元的时候，停车场 B 比较合算。看来时间越长，停车场 B 的优势越明显。等等，停车场 A 还有这样的优惠规则，“1 天（24 小时）停车累计最高收费 2000 日元”。选 A 还是选 B，这是一个问题。如何比较费用，这要开动脑筋。

在停车场 A，1 天（24 小时）停车累计最高收费 2000 日元，也就是说，1 天最多收费 2000 日元。那么，我们只要找到停车场 B 在何时收费超过 2000 日元就可以了。

2000÷4 = 5，停车 5 小时的时候，停车场 A 和停车场 B 的收费都是 2000 日元。继续停车的话，停车场 A 的收费不变，停车场 B 的收费会继续增加。因此，如果停车超过 5 小时，就停在停车场 A 吧。

这个时候要停车吗？

在一些综合体的停车场，常常有这样的说明，“购物满〇日元临时停放□小时以内免费”。这时候，顾客一般都会选择这样的停车场。而对于不购物的人来说，停不停这里，合不合算，是根据他们具体的使用情况来判断的。我们可以在心中列一个表，比一比价格。

条件不同时如何进行比较？可以先让条件达成某个时刻的相同，然后再进行比较。

做一顶尖顶帽

12月 06日

学习院小学部
大泽隆之老师撰写

阅读日期 月 日 月 日 月 日

用圆规做出尖顶帽

图 1

我们用积木搭起城堡，用纸板做出古堡，它们的上头都有一个尖尖的屋顶，就像生日派对的尖顶帽。让我们做一个尖屋顶或尖顶帽吧。

如果使用圆规，可以容易地做出这种尖屋顶或尖顶帽。如图 1 所示，用一个扇形绕着一个圆形，涂上喜欢的颜色，画上喜欢的图案，粘牢就行了。

还是觉得有点难？没事儿，下面就告诉你制造的诀窍。

制作方法有诀窍

准备材料是图画纸、圆规、胶带纸、彩色笔，也可以使用彩色图画纸。

首先，尖屋顶的底面是圆形，就在图画纸上用圆规画一个圆，并剪出来。

然后在图画纸上，再画一个半径为 2 倍的圆。剪下这个圆的一半，正好可以绕着底面成为一个尖屋顶（图 2）。

如果我们想做一个长长的尖屋顶或尖顶帽，可以再画一个半径为 4 倍的圆。剪下这个圆的一半的一半（1/4），这时扇形的圆心角是直角，正好可以绕着底面成为一个尖屋顶（图 3）。

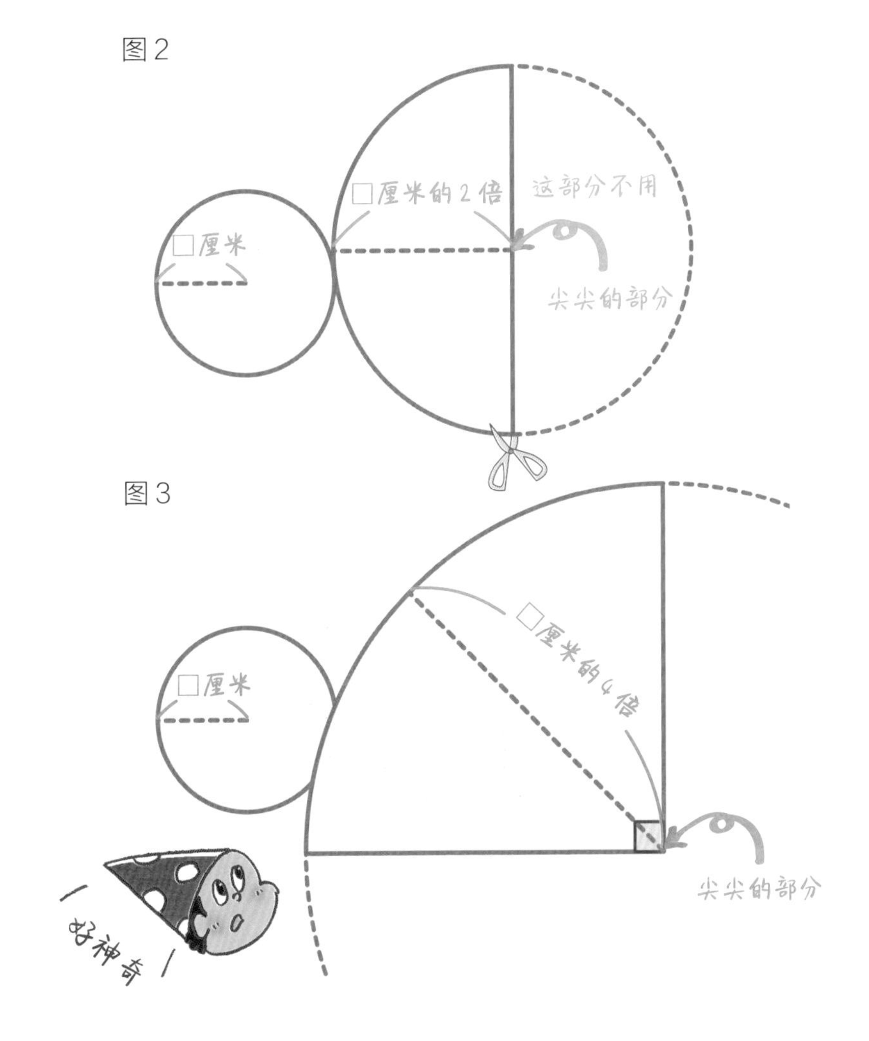

像尖屋顶或尖顶帽的形状，叫作“圆锥”。

巧克力板还能这么玩

12月07日

御茶水女子大学附属小学
久下谷明老师撰写

阅读日期　月　日　月　日　月　日

今天，我们拿一板巧克力来玩一个数学游戏吧。规则很简单，让2个人轮流掰巧克力。拿到最后一块巧克力的人，就输了。

准备材料

▶纸

▶剪刀

●做一板纸巧克力

在这个游戏中，大家可以做一板纸制巧克力。如下图所示，大家可以复印这板巧克力，也可以自己在纸上画一个4×6的巧克力进行游戏。

可以复印这板巧克力哦

● 2 人石头剪子布，赢的人先开始。

●轮到自己的时候，用剪刀沿着巧克力块剪。中途不可以拐弯哦。然后，把其中一部分巧克力递给小伙伴。

●拿到巧克力的小伙伴，也用剪刀把巧克力分成两部分。然后，把其中一部分巧克力递给小伙伴。

●重复以上操作。

●递出最后一小块巧克力的人获胜，拿到最后一小块巧克力的小伙伴失败。

对手
Chocolate
自己
剪切，把其中一
部分递给对方

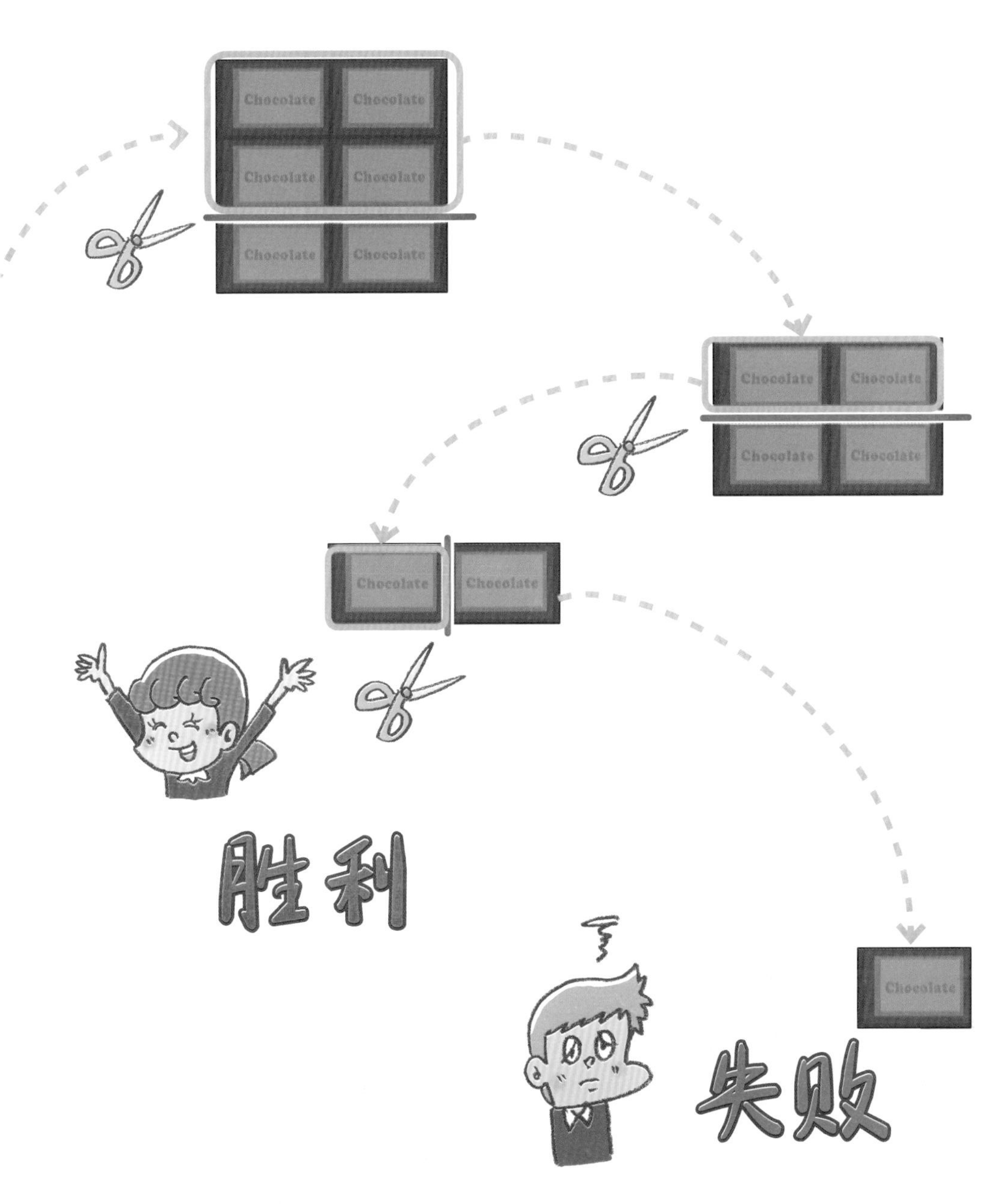

游戏的必胜法在 12 月 8 日哦。

在玩过几轮游戏之后，我们可能会意识到赢得比赛的关键点。那么，就把巧克力换成 5×7 或 6×8 等等，继续玩起吧。

巧克力游戏的必胜法

12月 08日

御茶水女子大学附属小学
久下谷明老师撰写

阅读日期 月 日 月 日 月 日

递出正方形的人会赢

在玩过几轮巧克力游戏之后，你意识到赢得比赛的关键点了吗？今天，我们就来讲讲它的必胜法。

在巧克力游戏中，当你把 2×2 的巧克力递给对方的时刻，你就赢了。

对手

自己

这时候我们有 A、B、C 三种剪切方法。

假设，对手小伙伴把 2×3 的巧克力递过来。

A

B

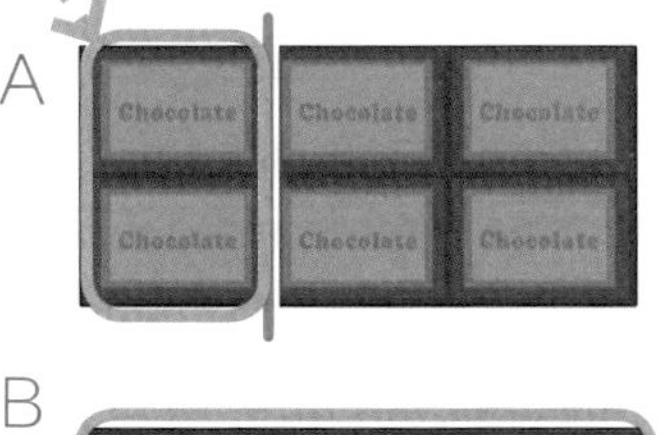

如果把 A、B 巧克力递给对方的话，小伙伴可以直接掰出一小块巧克力，那就输了。

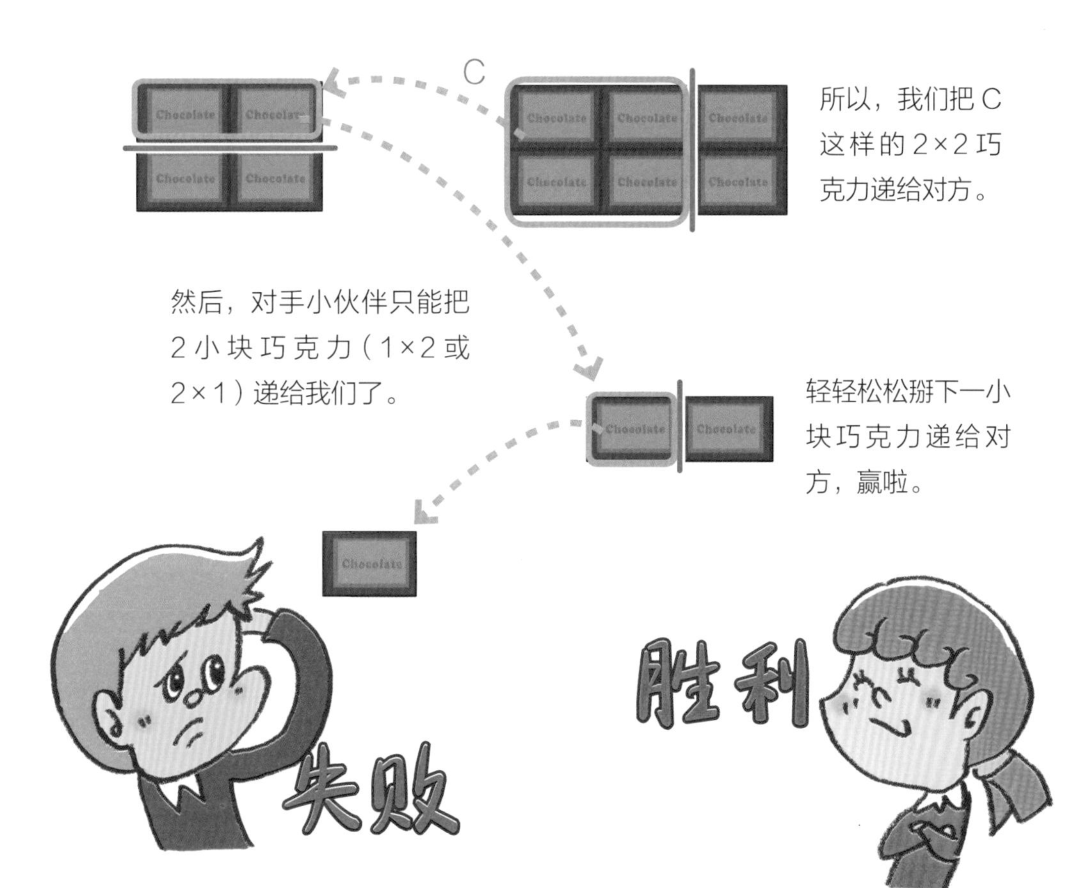

不管这板巧克力的大小是多少，赢的思路都是相同的。谁先把2×2巧克力递给对方，谁就能赢。玩过几轮游戏之后，就把这个必胜法分享给小伙伴吧。

养羊的故事，没有数字的过去

12月09日

青森县 三户町立三户小学
种市芳文老师撰写

阅读日期 月 日 月 日 月 日

古时候用石头来数羊？

很久很久以前，人们就开始饲养羊了。在没有文字，也没有数字的年代，羊就和人类一起生活了。在过去，羊儿们并不是关在栅栏里饲养。早上它们埋头在草地上吃草，夜里它们回到小屋。牧羊人一直守着羊儿们，防止狼的袭击。但是没有数字的话，牧羊人如何确认所

图 1

有的羊儿都回来了呢？

据说，每当羊儿从小屋里出来，就会放置石头作为记号。出来一头羊，放上一颗石子。回来一头羊，收回一颗石子。

用这样的方法，没有数字、不会计数也可以确认羊儿们是不是都回来了。如图 1 所示，每头羊都对应一颗石子。

也可以用绳结来数数

同时，人们也会在腰上系上一根绳子，打上绳结，以便记住羊的数量。出来一头羊，就打上一个绳结。如果在放牧的过程中，羊儿被狼叼走了，那就解开一个绳结。这种方法，每头羊都对应一个绳结。

如果过去的牧羊人懂得数学，肯定会学得不错吧。

从摆放石子到在地上画线，据说这就是数字的起源。

玩一玩“心”的益智游戏

12月 10日

学习院小学部
大泽隆之老师撰写

阅读日期 月 日 月 日 月 日

观察一个心形

图1

心，所到之处，总会是我们目光的聚焦点。如图1所示，请仔细观察这个心形。

这个心形，好像是由2个半圆和1个正方形组成的。

意识到了这一点，我们画心形就容易多了。首先，画1个正方形。然后，以正方形的边长为直径，画2个半圆。让正方形的边长发生变化，就可以画出或大或小的心形了（图2）。

图2

创造心的谜题！

把心形画在图画纸上并剪下来，就可以玩心的益智游戏了。沿着正方形的对角线，再剪一刀，心形就可以分成4部分：2个直角等腰三角形，2个半圆。4块拼图移动位置，让心形变成了许多图形（图3）。

图3

记一记

升级的心之谜题

如下图所示，心形的组成部分半圆和正方形被进一步分割。运用这些碎片，可以组成更多的图形。在日本，人们把这样的益智游戏称为“破碎的心”。哈哈，名如其心。

正方形也好，圆形也好，把它们分成4个相同的碎片，可以组成各种各样的图形。来试试吧。

货币的诞生与物品的价格

12月 11日

福冈县 田川郡川崎町立川崎小学
高濑大辅老师撰写

阅读日期 月 日 月 日 月 日

猴子和螃蟹谁占便宜？

“我的 1000 日元纸币可以和你的 1 万日元纸币进行交换吗？”听了这样的要求，几乎没有人会开开心心地选择交换吧。原因很简单，1 万日元纸币的价值明显更高。如果交换了的话，我们会亏 9000 日元。

在日本民间童话《猴子与螃蟹》中，狡猾的猴子拿着一颗柿子的种子，花言巧语之后，和螃蟹换到了一个饭团。这次的交换，到底哪一方比较占便宜？饭团具有“马上能填饱肚子”的价值，但吃了就没有了。而对于柿子种子来说，虽然从种子到结果，要花上很长的时间，但收获的是许许多多又红又甜的柿子了。因此，对于这次的交换，可能双方都比较满意。

原始社会的物物交换

在原始社会，人们

像《猴子与螃蟹》的故事那样，使用以物易物的方式，交换自己所需要的物资。当双方肯定物品的价值，则交换成立。

但是，受到交换物资种类的限制，人们不得不寻找一种能够为交换双方都能够接受的物品。这种物品就是最原始的“货币”。牲畜、盐、贝壳、珍稀鸟类羽毛、宝石等不易大量获取的物品都曾经作为“货币”使用过。货币的诞生，让人们可以更加顺利方便地换取自己所需的物品。

看清物品的价值

对于一包零食，肚子饿或不饿的情况，我们的购买欲望是不一样的。因此，在使用零花钱的时候，要好好看清物品的价值，值得不值得让我们用零花钱去交换。

在世界上，有不少国家还设有露天市场、跳蚤市场等提供物物交换的地方。

周长 12 厘米的图形的面积

12月 12日

青森县　三户町立三户小学
种市芳丈老师撰写

阅读日期　月　日　月　日　月　日

看看正方形和长方形

在四年级时我们已经学到过，周长相等的图形，面积不一定相等。那么今天我们来看一看，面积的差别是多少。

首先，准备方格纸和铅笔，画出周长是 12 厘米的图形。然后，比一比这些图形的面积。为了简便计算，只统计面积是整数的情况。

如图 1 所示，周长是 12 厘米的图形，出现了面积为 9 平方厘米、8 平方厘米、5 平方厘米的情况。

图 1

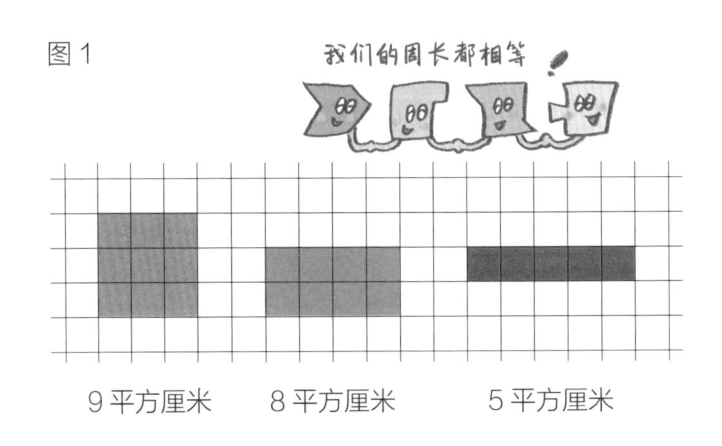

周长相等的其他图形

除此之外，还有其他周长相等，面积不等的图形吗？不一定要求是正方形或长方形哦。如图 2 所示，这个 7 平方厘米的图形就是长方形凸出了一块。

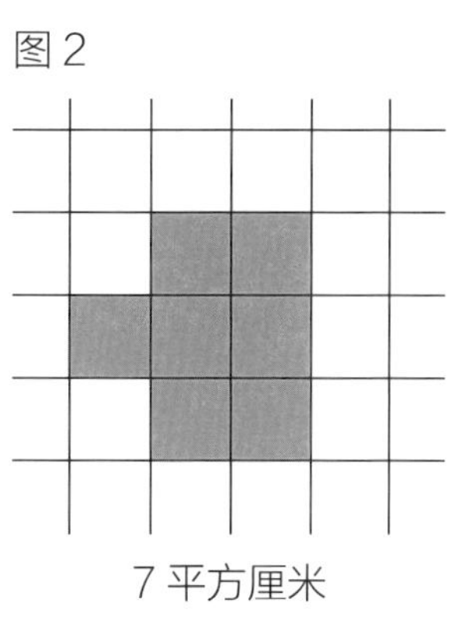
图 2

7 平方厘米

它的周长确实也是 12 厘米。

周长相等、形状不同的图形还有很多哦，你找到了吗？发现的关键是，这些图形都是凹凸不平的。如图 3 所示，出现了面积为 6 平方厘米、5 平方厘米的情况。

到目前为止，已经出现了面积是 9 平方厘米、8 平方厘米、7 平方厘米、6 平方厘米、5 平方厘米等 5 种类型。那么，有面积是 4 平方厘米、3 平方厘米的图形吗？当然有了！发现的关键是，“箭头”（图 4）。此外，还有面积是 2 平方厘米、1 平方厘米的箭头哦。

周长相等的图形，面积和形状都不一定相等。

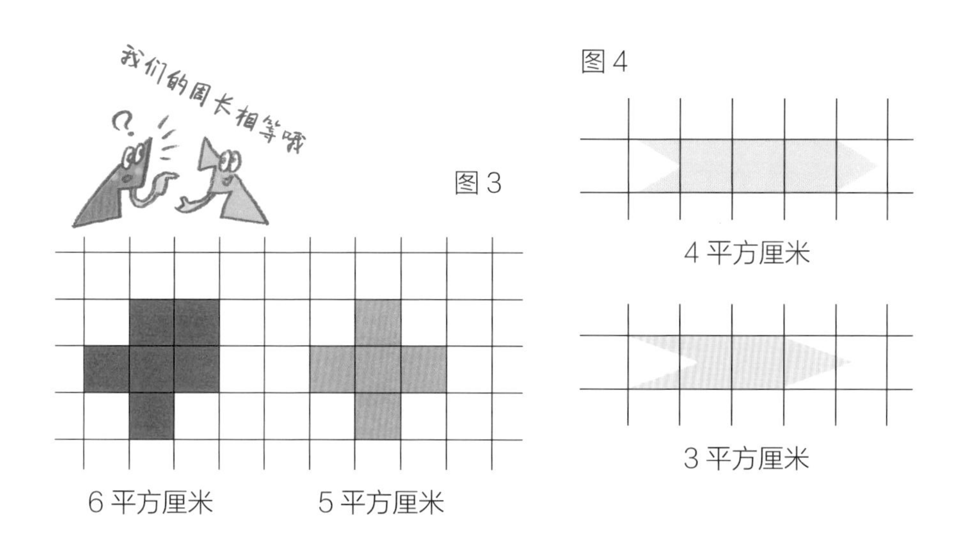

图 3

6 平方厘米　　5 平方厘米

图 4

4 平方厘米

3 平方厘米

在小学，我们学习了求长方形、平行四边形、梯形、菱形、圆、扇形面积的方法。在中学，我们又学习了求球体表面积的方法。在求面积的方法之间，会有一定联系。

怎么通过所有的格子呢

12月 13日

熊本县　熊本市立池上小学
藤本邦昭老师撰写

阅读日期　月　日　月　日　月　日

可以通过所有格子吗？

如图 1 所示，这是一个有 9 个格子的正方形。你能够一笔画出线路，通过所有的格子吗？

图 1

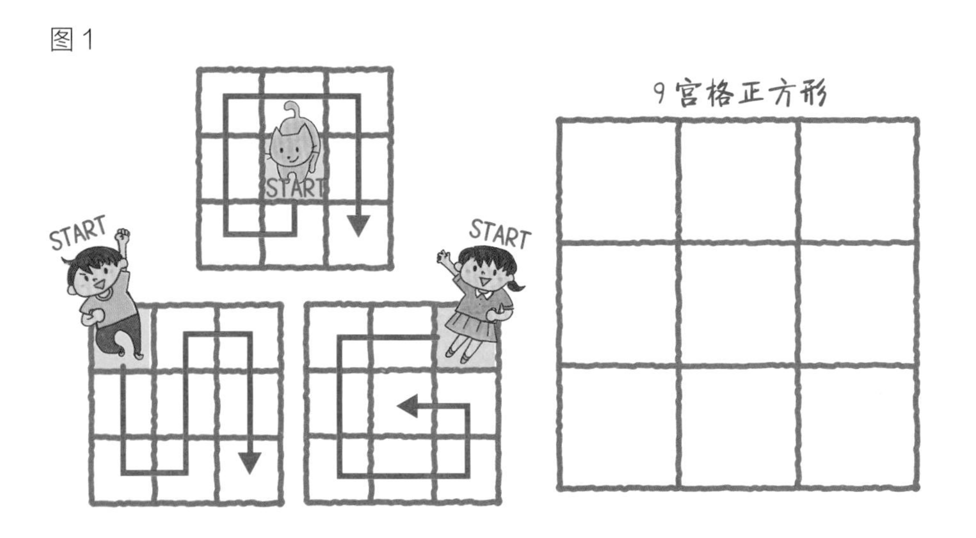

通行法则是，只能前进不许后退，只能横纵不许斜行，每个格子只能通过 1 次。

在看到许多一次通行的方法之后，我们也发现出发点的重要性。如图 2 所示，当出发点在这几处时，不能够通过所有的格子。不管怎么走，都会剩下一个格子。

起点格子应该在哪里？

那么，在一个 9 宫格正方形里，起点设置在哪里才能一次通过所有的格子呢？

如图 3 所示，对所有的格子进行调查后，出现了市松纹样（市松纹样由正方形组成，拥有各种颜色组合）。

从 × 的格子出发，不管怎么走，都会剩下一个格子。这是为什么呢？

数一数○和 × 的数量，○有 5 个，× 有 4 个。因为只能横纵不许斜行，所以从○出发后的下一个格子肯定是 ×。当轮流通过○和 × 时，从 × 出发的话，势必会剩下一个○。

图 2

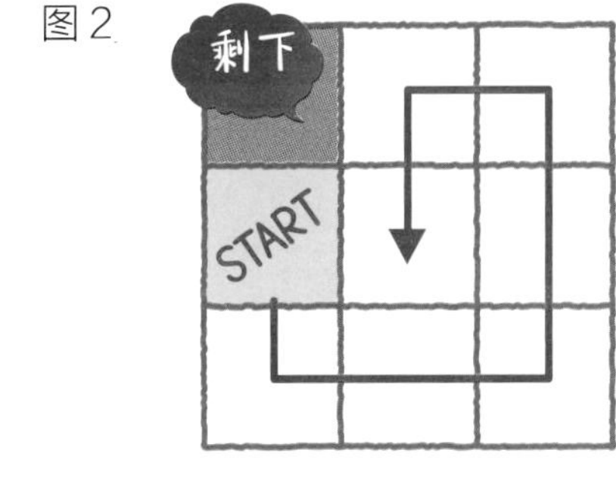

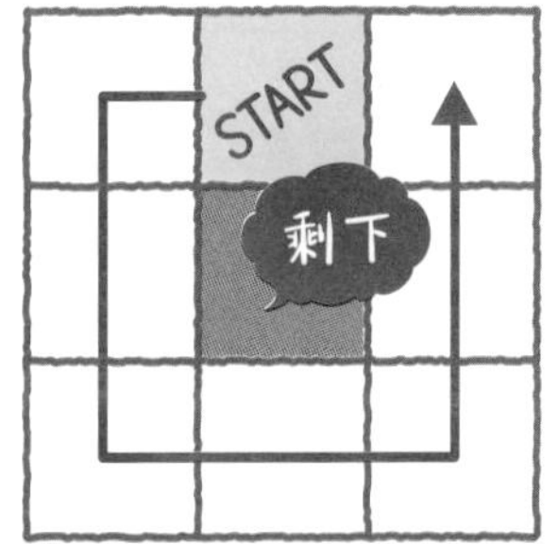

图 3

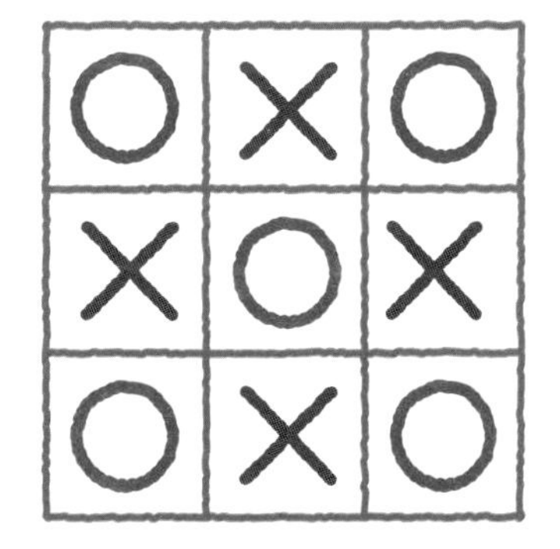

大家还可以试试 4×4 的十六宫格正方形。看看从哪里出发可以一次通过所有格子？想一想为什么。

测量中的数学

一日之行始于何时

12月14日

学习院小学部
大泽隆之老师撰写

阅读日期 月 日 月 日 月 日

一日之始不在凌晨

在日本的江户时代，一日之行始于黎明。当拂晓时刻来临，“双手举于目之前，太阳就在手间”。因此，就算过了子夜 0 点，在天亮之前依然不是新的一天。比如，日本有名的赤穗浪士复仇事件。虽然发生在 12 月 15 日凌晨 4 点，但在当时人们的心中，认为是发生在前一天（12 月 14 日）的。

一日之始在于黄昏

与此相反，在包括巴勒斯坦在内的伊斯兰国家，它们的一日之计

始于黄昏，从日落之后约 30 分钟开始。因此，这些国家的基督教和犹太教，在进行平安夜的庆祝或断食的活动时，都是从黄昏开始的。在沙漠地域，人们通常不会在暑热的白天进行活动。所以，他们的一日之行也始于黄昏。

不过，日出日落的时间，会随着季节的变化而变化，这就有点麻烦了。因此，欧洲在进行工业革命的时候，就将新一天的起点定为凌晨 0 点。电灯亮了，工时长了，人们必须清楚地知道一天的开始与结束。

在今天之前，大家是不是都觉得一日之始在于 0 点，是一件再正常不过的事呢？时代不同，国家不同，我们可以看到许多有意思的事。

奈良时代的一日之始就在 0 点？

在中国，早在汉代就已经有了滴漏。太阳在白天升到最高点的时候叫作正午，人们将正午的正相反称为子夜。古历分日，起于子半。这种思想在奈良时代传入日本，那个时候，人们将一日之始定为 0 点。

江户时代的学者留下了这样的话，“世人言，古历分日，起于拂晓。但应知，起于子半，方为正确。”（1740 年）

按顺序相加的数列——斐波那契数列

12月 15日

熊本县 熊本市立池上小学
藤本邦昭老师撰写

阅读日期 月 日 月 日 月 日

你知道这样的数列吗？

观察下面的数列（一列有序的数），它们是按照什么规律排列的呢？

1、1、2、3、5、8、13、21、34、55、89……

除去最初的 2 个“1”，从第 3 个数“2”开始，序列中每个数都等于前两数之和。

1
1
2 = 1 + 1
3 = 1 + 2
5 = 2 + 3
8 = 3 + 5
…

这样的数列叫作“斐波那契数列”，又称黄金分割数列、兔子数列。斐波那契数列的定义者，是意大利数学家列昂纳多 · 斐波那契。

自然中能够见到的数列

我们在自然中，也能见到斐波那契数列。比如，松果的“鳞片”和大树的枝丫，它们的数量增加规律就是斐波那契数列。

再比如，向日葵花盘中的葵花子数有“5”“8”或“21”“34”，符合斐波那契数列。葵花子呈螺旋状排列，十分神奇。

不可以使用“0”哦

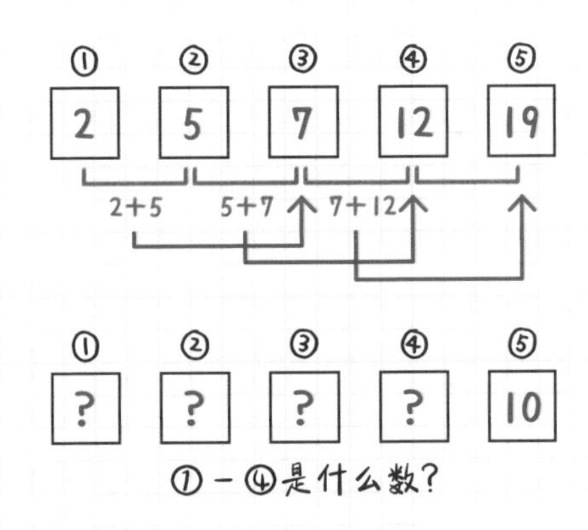

在斐波那契数列中，序列中每个数等于前两数之和。按照这个规律，这个数列可以无限生长下去。按照斐波那契数列的排列规律，假设第5个数是“10”的话，第1个到第4个的数各是什么呢？但是，不可以使用“0”哦。

“试一试”的答案是：2、2、4、6、10。解题关键是，从右开始思考。我们可以设定好第5个数，然后找一找第1个到第4个的数。当发现有多个可能时，继续向左就能聚焦答案。

为什么叫甲子园

12月 16日

明星大学客座教授
细水保宏老师撰写

阅读日期　月　日　月　日　月　日

日本高中棒球联赛，每年都在甲子园球场开战。这个球场完工于1924年，该年为甲子年，因此命名为甲子园球场。甲子是干支纪年法之一。

天干地支，源自中国远古时代人们对天象的观测。有一种说法是，人们把天的一周进行十二等分，确定了十二个方位，就有了十二地支。

十二地支

子、丑、寅、卯、辰、巳、午、未、申、酉、戌、亥

十天干

甲乙丙丁戊己庚辛壬癸

北方为子、南方为午，因此穿过南北两极的经线也称为子午线。

将 1 个月进行三等分，为上旬、中旬、下旬。每个 10 天用文字按顺序标注，就有了十天干。

干支纪年法是中国历法上，自古以来就一直使用的纪年方法。把天干中的一个字摆在前面，后面配上地支中的一个字，这样就构成一对干支。10 和 12 的最小公倍数是 60，十天干和十二地支依次相配，组成六十个基本单位。六十为一周，周而复始，循环记录。

六十干支

甲子 1	乙丑 2	丙寅 3	丁卯 4	戊辰 5	己巳 6	庚午 7	辛未 8	壬申 9	癸酉 10
甲戌 11	乙亥 12	丙子 13	丁丑 14	戊寅 15	己卯 16	庚辰 17	辛巳 18	壬午 19	癸未 20
甲申 21	乙酉 22	丙戌 23	丁亥 24	戊子 25	己丑 26	庚寅 27	辛卯 28	壬辰 29	癸巳 30
甲午 31	乙未 32	丙申 33	丁酉 34	戊戌 35	己亥 36	庚子 37	辛丑 38	壬寅 39	癸卯 40
甲辰 41	乙巳 42	丙午 43	丁未 44	戊申 45	己酉 46	庚戌 47	辛亥 48	壬子 49	癸丑 50
甲寅 51	乙卯 52	丙辰 53	丁巳 54	戊午 55	己未 56	庚申 57	辛酉 58	壬戌 59	癸亥 60

干支纪年法，六十为一周，周而复始。在古时，人们到了六十花甲之年，常会庆祝六十寿诞。

这也是视错觉吗③

12月 17日

御茶水女子大学附属小学
久下谷明老师撰写

阅读日期 月 日 月 日 月 日

直线会永不相交？

视错觉的神奇世界（见 10 月 10 日、10 月 30 日、11 月 23 日），让我们流连忘返。今天，我们将开启最后一天的视错觉旅行。

欢迎再次来到视错觉的神奇世界，眼见不一定为实哦。

如图 1 所示，有 A、B 两组直线。

图 1

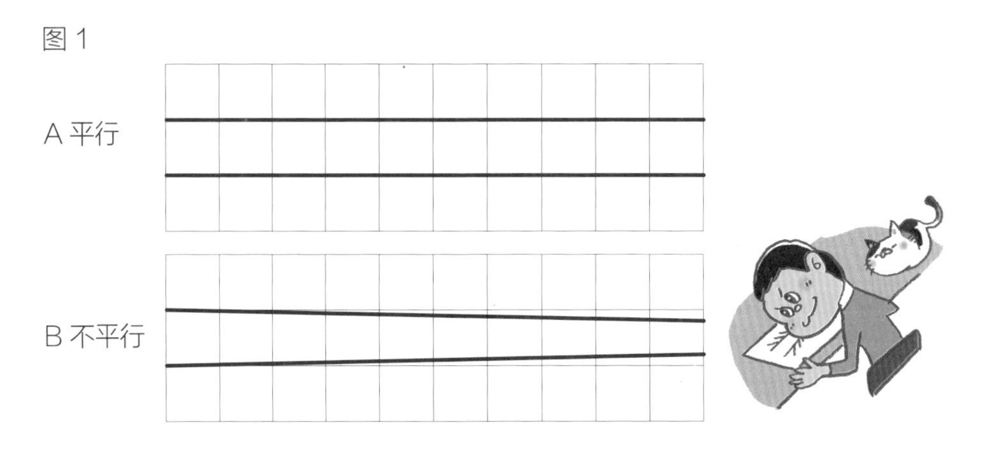

A 组的两条直线，它们之间的宽度始终相同，永不相交，也永不重合。这两条直线叫作“平行线”。B 组的两条直线不是平行线。

弯曲直线是错觉？

那么，再来看看图 2、图 3、图 4。

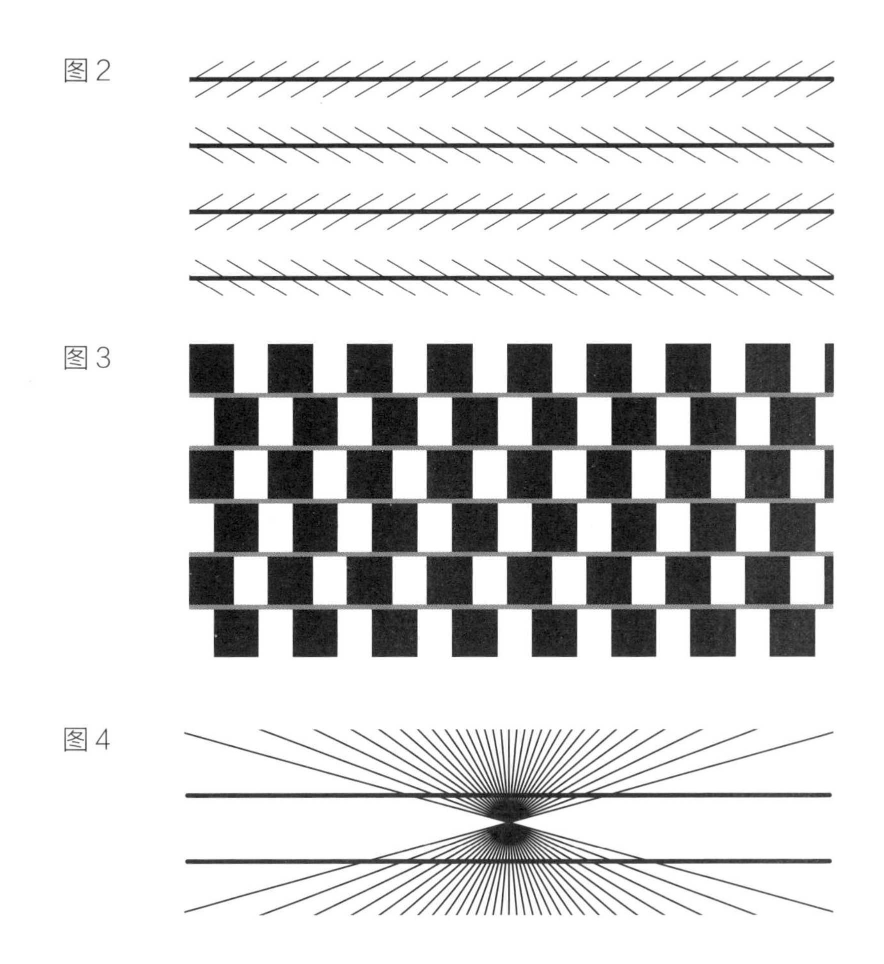

在我们的眼中，这些直线是什么样子的？

虽然它们都是互相平行的直线，但在图 2、图 3 中，两条直线或右或左地歪斜，在图 4 中，两条直线的中间向外侧弯曲。

视错觉，是当人观察物体时，基于经验主义或不当的参照形成的错误的判断和感知。在本书中，我们已经认识了许许多多的视错觉图。其实，这只是一小部分，还有更多的视错觉图等着你的发现哦。

图 2：佐尔拉错觉；图 3：咖啡墙错觉；图 4：黑灵错觉。图 2、图 4 以发现者命名，图 3 是在一家位于英国的咖啡厅墙壁上发现的，因此得名。

转一转 10 日元硬币

12月
18日

北海道教育大学附属札幌小学
泷泷平悠史老师撰写

阅读日期 月 日 月 日 月 日

硬币的方向朝哪边?

图 1

大家的家里,肯定有 10 日元硬币吧?准备 2 个 10 日元硬币,如图 1 所示摆放好。

先按住下面的 10 日元硬币,然后让上面的 10 日元硬币绕着下面的 10 日元硬币转一周。要牢牢按住下面的 10 日元硬币哦。

问题来了,上面的 10 日元硬币在绕一周时,它自己一共又转了多少圈呢?

首先,如图 2 所示,让上面的 10 日元硬币绕到 3 点钟的位置。

3 点钟的位置正好是一周的$\frac{1}{4}$,那么 10 日元硬币也会转$\frac{1}{4}$圈吗?进行实际操作后,我们发现 10 日元硬币一下子调转了方向。有点意思哦(图 3)。

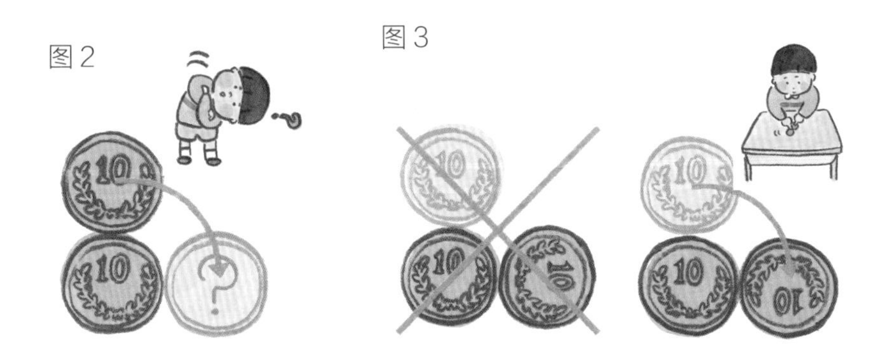
图 2　图 3

然后，继续绕动硬币。当上面的 10 日元硬币绕动到最下面时，会发生什么？ 10 日元硬币自己转了一圈，它的朝向和起点时相同（图 4）。

也就是说，当 10 日元硬币绕动半周的时候，它自己转动了一圈。由此，可以推测出 10 日元硬币绕动一周的时候，它自己转动了两圈。如图 5 所示，经过实际的转一转，可以知道硬币就是转动了两圈。

图 4　　图 5

接下来，把转一转的硬币，换成直径是 10 日元硬币 2 倍的硬币。那么，当绕动一周时，硬币自己转动几圈？这也是个有趣的答案。

神奇的中间数！3 个数的情况

12月 19日

熊本县　熊本市立池上小学
藤本邦昭老师撰写

阅读日期　月　日　月　日　月　日

求三数之和

如图 1 所示，1、2、3……请在这个数表上圈出连在一起的 3 个数。比如，我们圈出 14、15、16 这 3 个数。然后求三数之和，14 + 15 + 16 = 45。

图 1

0	1	2	3	4	5	6	7	8	9
10	11	12	13	14	15	16	17	18	19
20	21	22	23	24	25	26	27	28	29
30	31	32	33	34	35	36	37	38	39
40	41	42	43	44	45	46	47	48	49
50	51	52	53	54	55	56	57	58	59
60	61	62	63	64	65	66	67	68	69
70	71	72	73	74	75	76	77	78	79

这 3 个数的中间数是“15”，看看它的 3 倍是什么。15×3 = 45。这与三数之和相同，是偶然吗？

现在，我们再试着圈一圈斜着的 3 个数。比如，我们圈出 20、31、42 这 3 个数。这三数之和等于 93。

然后，同样以中间数“31”乘以 3，31×3 = 93。果然，它们的答案还是与三数之和相等。

用日历计算

试完了横的斜的，如图 2 所示，我们再来圈一圈竖着的。比如，我们圈出 3、10、17 这 3 个数。然后求三数之和，3 + 10 + 17 = 30。

图 2

周日	周一	周二	周三	周四	周五	周六
		1	2	3	4	5
6	7	8	9	10	11	12
13	14	15	16	17	18	19
20	21	22	23	24	25	26
27	28	29	30	31		

以中间数“10”乘以 3,10×3 = 30。它们的答案还是与三数之和相等。

不管是横、纵、斜，随机圈出连在一起的 3 个数，中间数的 3 倍就等于三数之和。

好神奇呀。

如果圈出连在一起的 5 个数，会发生什么？它们的和会是中间数的 5 倍吗？大家试一试才知道哦。

连在一起的 3 个数的中间数，也是 3 个数的“平均值”。也就是说，若干个“平均值”相加，就等于若干个数之和。

夜空中浮现的六边形

12月 20日

岛根县　饭南町立志志小学
村上幸人老师撰写

阅读日期　月　日　月　日　月　日

冬日夜空的亮星

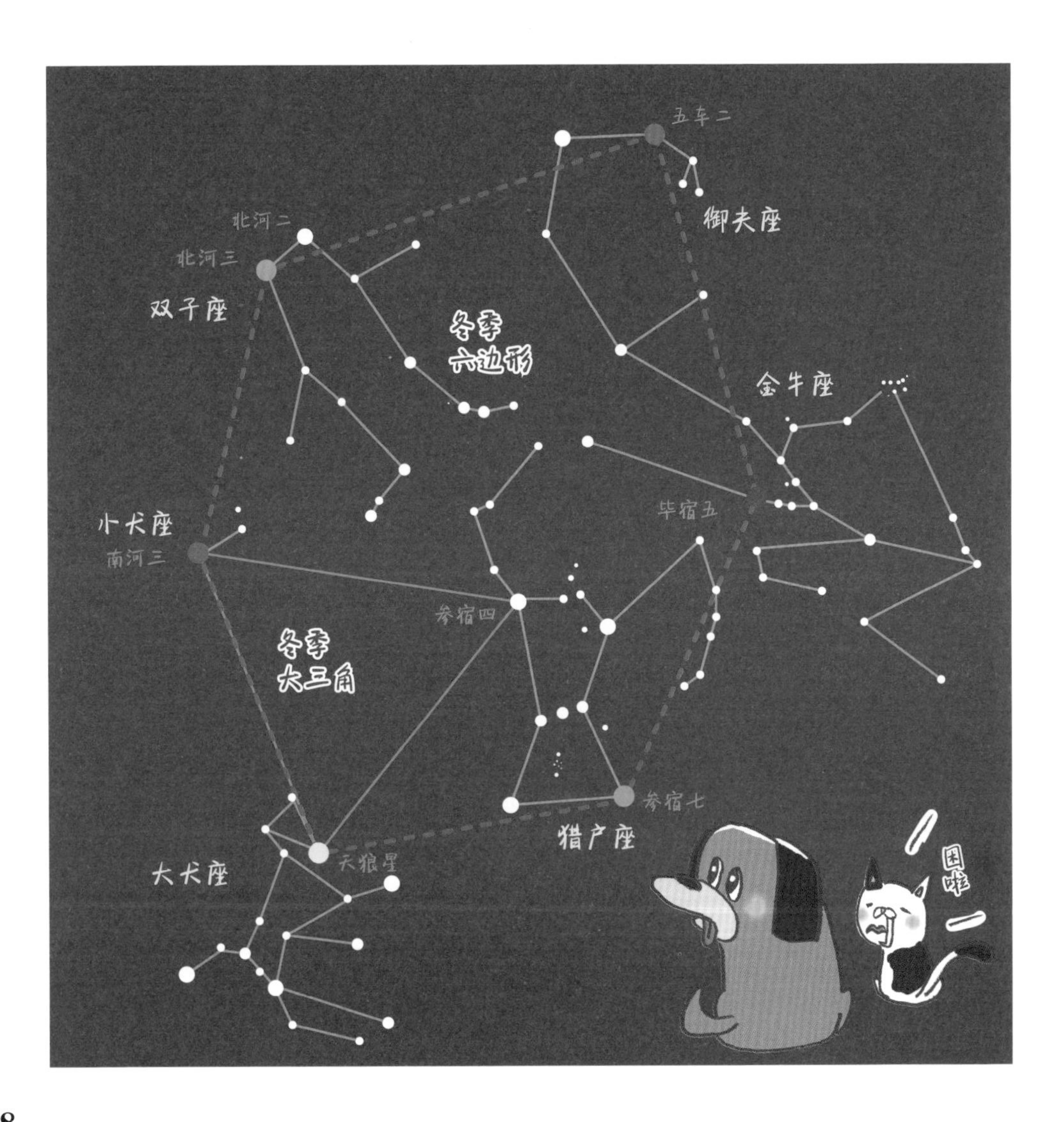

仰望春日、夏日、秋日夜空，我们找到了夜空中藏着的巨大三角形和四边形（见 4 月 12 日、7 月 07 日、9 月 25 日）。好奇心让我们发出疑问，在冬日夜空又能寻找到什么形状呢？抬头仰望冬日夜空，月色如水，繁星点点。

在冬日夜空中，有许多明亮的一等星。往东南方望去，可以看见 3 颗明亮的星星。将这 3 颗亮星连起来，就会发现一个大大的三角形出现在我们的头顶。这个“冬季大三角”非常接近正三角形。

“冬季大三角”的 3 颗亮星分别是，猎户座的红超巨星参宿四，夜空中最亮的恒星、大犬座的天狼星，小犬座的南河三。

钻石般的六颗星

在冬日夜空中，可不只有三角形哦。以猎户座的红超巨星参宿四为中心，连接小犬座的南河三、大犬座的天狼星、猎户座的参宿七、金牛座的毕宿五、御夫座的五车二、双子座的北河三，会出现什么形状？

将它们连起来，就会发现一个大大的六边形出现在头顶，这就是“冬季六边形”。由一等星组成的豪华六边形，在冬日夜空中闪耀着钻石般的光辉。

如果把夜空中的每一颗星，都视为一个点。那么，连接 2 点，成一直线；连接 3 点，成一三角形。我们可以在仰望中，发现许许多多的图形。

偶数和奇数，哪个多呢

12月21日

御茶水女子大学附属小学
冈田纮子老师撰写

阅读日期 月 日 月 日 月 日

图 1

蝴蝶和花朵，哪个多？

如图 1 所示，翩翩起舞的蝴蝶和争奇斗艳的花朵，哪个多？在蝴蝶和花朵之间，连起一条线，多出来的那个，数量就是多的。如图 2 所示，花朵比蝴蝶要多。

图 2

当蝴蝶和花朵的数量相同时，蝴蝶和花朵都可以一一对应。如图 3 所示，蝴蝶和花朵之间连起了一条线，蝴蝶和花朵的数量就等于线的数量。

图 3

没有多余是什么意思……

再来试试更多的可能性吧。像 2、4、6、8 这样，能被 2 整除的整数就是“偶数”；像 1、3、5、7 这样，不能被 2 整除的整数就是“奇数”。

如图 4 所示，如果在偶数和奇数之间，连起一条线，可以无止境地连下去。就像飞舞的蝴蝶和圆圆的花朵一样，偶数和奇数连线之后，没有多出来的数。因此，偶数和奇数的个数相同。

图 4

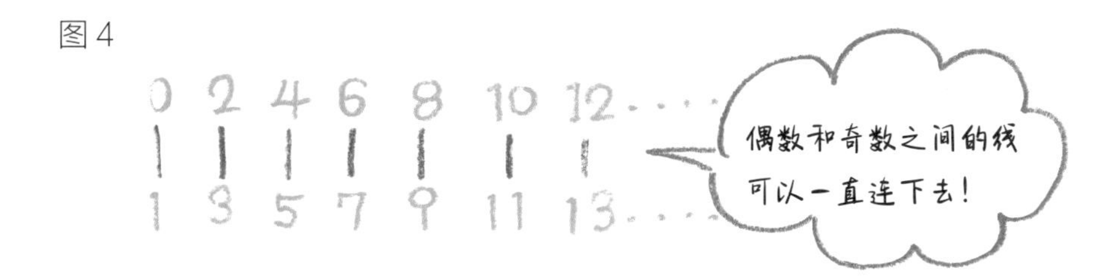

再考一考大家，偶数和正整数（1、2、3、4、5……）哪个多？如果在偶数和正整数之间，连起一条线，可以无止境地连下去。因此，偶数和自然数的个数也是相同的。数学的世界，真的好奇妙呀。

边长延展 2 倍的话会怎样

12月 22日

熊本县　熊本市立池上小学
藤本邦昭老师撰写

阅读日期　月　日　月　日　月　日

边长延展 2 倍时面积是多大？

如图 1 所示，这是一个正方形 ABCD。

然后，如图 2 所示，让正方形的各个边由内向外延展 2 倍，标注上 E、F、G、H。

那么，4 个点连起来形成的正方形 EFGH，面积是正方形 ABCD 的多少倍？边长延展 2 倍时，面积也扩大 2 倍？或是 4 倍？

答案是 5 倍。如图 3 所示，移动 2 个直角三角形后，可以发现是正方形 ABCD 的 5 倍。

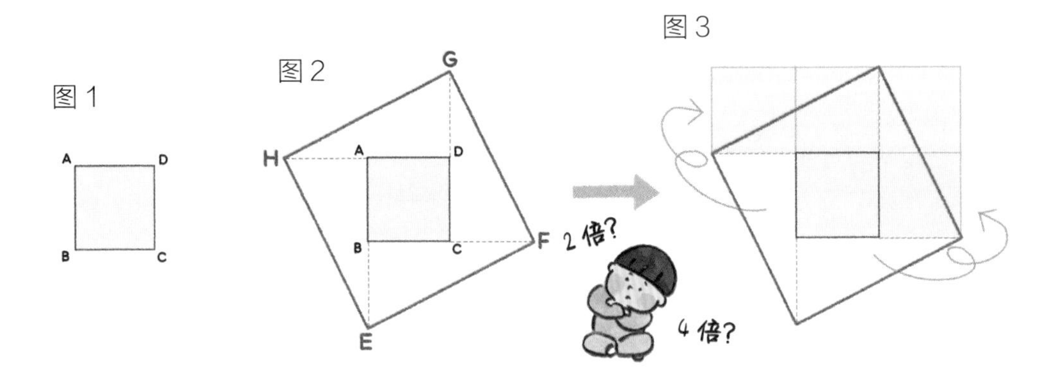

边长延展3倍时面积是多大？

问题升级。如图 4 所示，让正方形的各个边由内向外延展 3 倍，标注上 I、J、K、L。那么，4 个点连起来形成的正方形 IJKL，面积是正方形 ABCD 的 13 倍。

为什么是 13 倍呢？如图 5 所示，移动 2 个直角三角形后，可以发现是正方形 ABCD 的 13 倍。

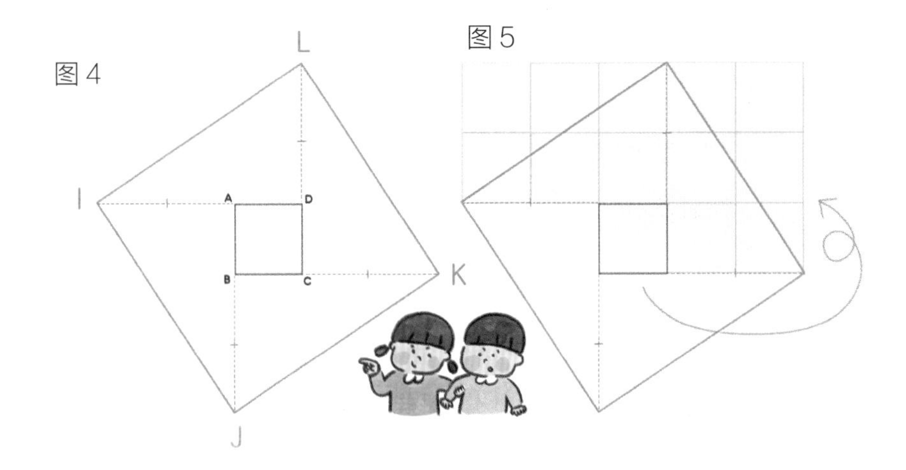

在 9 月 17 日，我们见识了用 4 个直角三角形组成正方形的方法。

有好多种！各国的笔算

12月23日

东京都丰岛区立高松小学
细萱裕子老师撰写

阅读日期 月 日 月 日 月 日

全球共通的数字就是方便

1、2、3……我们平常使用的数字（阿拉伯数字），在世界各国也是通用的。一、二、三……虽然在中国、日本也有汉字的数字，在日常的运算中还是多用阿拉伯数字。在其他国家，也是这样的情况：虽然有国家特有的数字，但最普遍使用的还是阿拉伯数字。

与数字的全球通用相反，数学的运算方法和运算规律在各国有各样的形态。比如，日本有日本的运算规律，但这些规律不一定在全世界通用。

各种各样的笔算方法

以除法笔算为例，日本的笔算方法在图的左上角。

图上还展示了许多其他国家的笔算方法。有的国家的方法还比较接近。大家还可以试着对比各国的笔算方法。

在进行“加法”“减法”“乘法”时，各国的运算步骤大同小异。而在进行“除法”时,“被除数”“除数”“商”“余数”的书写位置会有不同。

日本蛋糕的大小，“号”是什么

12月24日

东京都杉并区立高井户第三小学
吉田映子老师撰写

阅读日期 月 日 月 日 月 日

5号或6号蛋糕是？

在生日和圣诞节时，总少不了蛋糕的身影。圆圆的蛋糕，涂满了奶油，这和数学又有什么关系呢？

今天，蛋糕店摆出了这样一款草莓蛋糕。

5号 2000日元

蛋糕前面的价格牌，标注了2000日元的价格。那么，“5号”又是什么意思？

其实，它指的是蛋糕的大小。蛋糕越大，“○号”就越大。

形容蛋糕的尺寸，每一个“○号”等于3厘米。因此标着“5号”的草莓蛋糕，直径是3厘米的5倍，即15厘米。

和单位“寸”的关系

为什么在蛋糕店，每增加一个号，蛋糕的直径就增加 3 厘米呢？这与日本过去使用的长度单位有关。

在日本，“寸”是古时候使用的长度单位之一。在烤制海绵蛋糕时，原本就是用寸来形容大小。1 寸约为 3 厘米。因此，过去直径 5 寸的蛋糕胚，用今天的话来说，就是直径为 15 厘米的蛋糕胚。用它做出来的蛋糕自然就是“5 号蛋糕”啦。

如果要制作 6 号蛋糕，就要使用 6 寸的蛋糕胚。规格大了 1 寸，直径就增加 3 厘米，这个蛋糕的直径是 18 厘米。

经过今天的学习，蛋糕要买多大，你一定有数了吧。

装点上奶油和装饰！

一个用〇号蛋糕胚制作的蛋糕，上面往往还会涂上满满的奶油，装点上各色水果和装饰物。如此一来，实际上蛋糕的分量可就增加了呀。

在日本，锅的尺寸同样也是由“寸”转“号”。在中国，现代 1 寸约为 3.33 厘米，而蛋糕的尺寸“〇寸”指的是英寸。

圣诞节是什么日子

12月 25日

学习院小学部
大泽隆之老师撰写

阅读日期 月 日 月 日 月 日

耶稣的生日是？

今天，12 月 25 日是圣诞节。圣诞节是一个宗教节，人们在这一天庆祝耶稣的诞辰。那么耶稣的生日，又是在公历纪元哪一年呢？翻开世界史年表，可以看到“耶稣诞生在公元前 4 年”。

那么，公元 1 年又是如何确定的呢？答案是，公元以“耶稣诞生”之年作为纪年的开始。什么？好像有哪里怪怪的？

居然是算错了？

耶稣出生的时候，欧洲使用的其实是罗马历。有研究表示，耶稣的诞生日就在罗马历 753 年 12 月 25 日。公元纪年起源于基督教统治时代的罗马教廷。公元 525 年，基督教神学家狄奥尼修斯建议“将耶稣诞生之年定为纪元之始”，即公元 1 年。公元 532 年，此纪年法在教会中开始使用。

不过，人们在计算耶稣诞生年份时又出了错。后来，确认了耶稣出生日其实约在 4 年之前。所以，就出现了“耶稣诞生在 BC（公元前）4 年”的说法。BC 是“Before Christ（主前）”的缩写，是“在耶稣诞生之前”的意思。

挑战制作年表！

来挑战吧，做一个长长的年表。公元 1 年之前是哪一年？公元 0 年？不是哦，没有公元 0 年的概念。同样，有公元 1 世纪，而没有公元 0 世纪。这和数轴有点不一样吧。

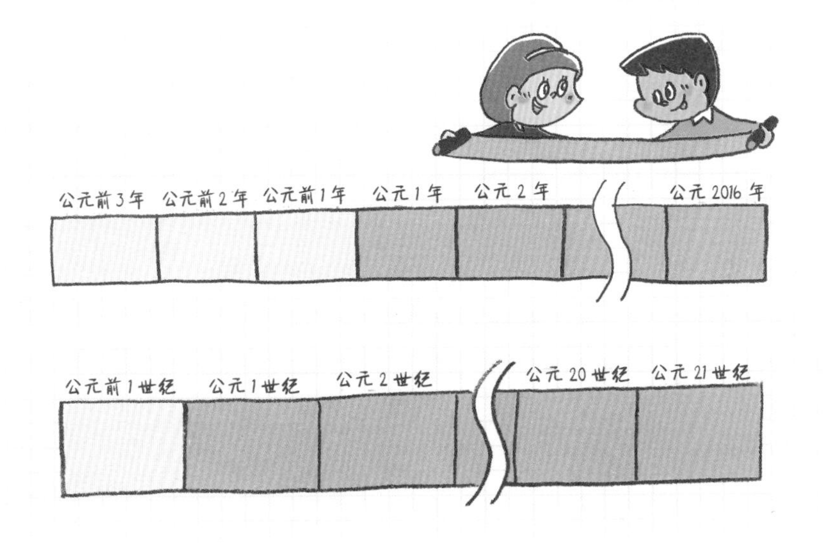

众所周知，圣诞节是为了庆祝耶稣的出生而设立的，但《圣经》中却从未提及耶稣出生在这一天。有历史学家表示是由于太阳神的生日在 12 月 25 日，还有的历史学家通过亮星引路的线索（《马太福音》：我们在东方看见他的星，特来拜他），认为耶稣是出生在 4 月、6 月或 9 月。

日本的乘车率是什么

12月 26日

御茶水女子大学附属小学
久下谷明老师撰写

阅读日期 月 日 月 日 月 日

从新闻里听到的乘车率

在日本的盂兰盆节和正月期间，总是会在新闻里听到这样的话：

“在年终岁尾时节，返乡大军在 30 日迎来一个返乡高峰。各地的火车站、飞机场，人潮拥挤。上午 6 点，从东京始发、终到博多的“希望 1 号”东海道新干线上，自由席（不对号入座的席位）的乘车率达到了 200%。而在东北 · 山行新干线上，这个数据也到达了 150%……”

在日本，像这样的新闻报道每年都要来一遍。那么，其中使用的乘车率 200% 和乘车率 150% 又是什么意思呢？

乘车率，又称为拥挤率（拥挤度），是一个描述动车或路面电车拥挤程度的词语。如图 1 所示，这是乘车率数值具体对应的车厢内情况。当乘车率达到 200% 时，光是在车上站着就已经很辛苦了。要是乘车率达到 250%，那就真的比较难受了。

乘车率怎么算出来的

问题来了，人们又是如何判断出动车或路面电车的“乘车率为 100%”或“乘车率为 150%”？日本铁路总公司的相关人员介绍，是通过肉眼按照图 1 所示的车厢状态（拥挤程度），进行“乘车率为

图 1

路面电车乘车率（拥挤度）说明

100%

车厢里，有人坐在位子上，有人拉着吊环拉手，有人握紧扶手杆，达到规定乘车人数。

150%

能够顺利阅读摊开来的报纸。

180%

能够阅读折叠起来的报纸。

200%

乘客身体互相接触、互相挤压，能够勉强阅读周刊。

250%

随着路面电车的晃动，乘客会随之摇摆，拥挤得难以动弹。

※ 图片出自日本国土交通省主页

100%”或“乘车率为 150%”的判断。

现在，这些信息在进行汇总之后，还能进行实时反馈。以环绕东京都心环绕运行的山手线为例，一部分车厢的乘车率可以在相关 APP 上实现即时获取。

最后，我们来看一看乘车率是如何求得的。让运行车辆的重量减去无人空车的重量，就得到了乘客们的重量。通过这个数，进行相应的计算，就可以算出乘车率。从重量到乘车率，这其中发生了什么反应？

乘车率是一个百分数。百分数是一种特殊的分数，也叫作百分率或百分比。“%”叫作百分号。在小学高年级，我们将学习有关百分数和成数的知识。

玩一玩江户时代的益智游戏“剪裁缝纫”

12月 27日

东京都杉并区立高井户第三小学
吉田映子老师撰写

阅读日期 月 日 月 日 月 日

古时候的头脑体操

在江户时代，日本德川幕府实行闭关锁国的外交政策。在此期间，在日本本土独立发展出了一种独特的传统数学，称为“和算”。

现在的数学学习，是按部就班的，几年级学生就学习几年级的内容。与此不同，在和算盛行的年代，从大人到小孩都被它的魅力所吸引，热衷于一起挑战益智游戏。

裁缝师使用裁缝剪刀，把衣料按照一定尺寸剪断裁开，然后缝制成衣服，这是现实中的剪裁缝纫。而在“剪裁缝纫”益智游戏中，它的意思是“先剪切，后组合”。

开始你的智力大餐

在江户时代出版的《勘者御伽双纸》一书中，记载了这样的题目：

【问题】如图 1 所示，请将长方形先剪切，再组合成一个正方形吧。

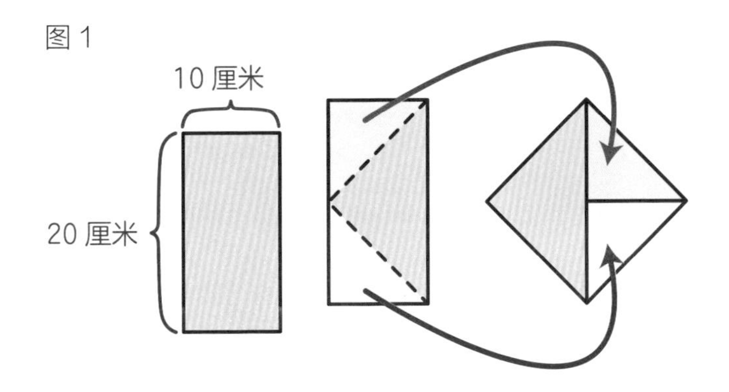

【答案】比如，剪切长方形的左侧，并把它们移动到右侧，就组合成了一个正方形。大家再想一想其他的方法吧。

挑战江户时代的益智游戏

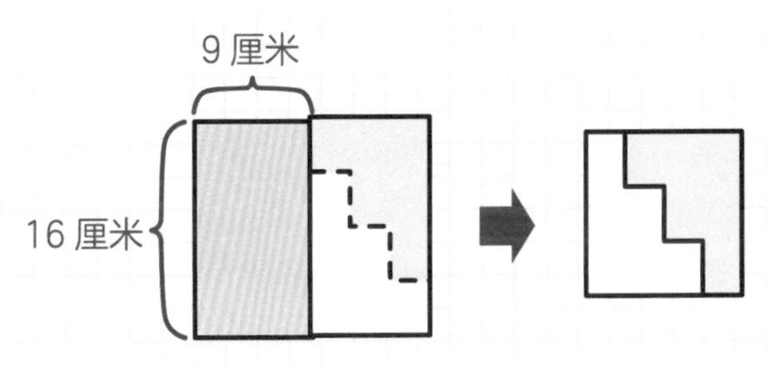

接下来，我们再来看一道出自《和国智慧较》的题目。如右图所示，请将长方形剪切为形状相同的 2 部分，再组合成一个正方形。想到了吗？先把长方形剪切成 2 个楼梯形状的部分，然后进行组合，就成了正方形。现在，有一个长 25 厘米、宽 16 厘米的长方形，等着你来“剪裁缝纫”哦。

要制作一件和服，只用按照虚线将一整块布料裁剪成若干长方形小布块，再进行缝制就可以了。这也是一道“剪裁缝纫”益智游戏呀（见 1 月 27 日）。

探寻时间的长河

12月
28日

立命馆小学
高桥正英老师撰写

阅读日期 月 日 月 日 月 日

佛经中的“劫”

1627年，日本著名数学家吉田光由在元代朱世杰《算学启蒙》和明代程大位《算法统宗》的基础上，撰写出和算的开山之作《尘劫记》。

《尘劫记》书名取自《法华经》的“尘点劫”。尘点劫又称尘劫，形容时间极长久远。吉田光由认为，自己的书是一本“历经时间长河而不变的真理之书”。今天，我们就来探一探“劫”。

在佛经中，尘，指微尘；劫，为极大之时限。佛教对于时间的观念，便以“劫”为基础，来说明世界生成与毁灭的过程。关于“劫”之缘起到缘尽，有两种说法。

其一为“磐石劫”。据《菩萨璎珞本业经》载：“天衣拂尽方四十里（约160千米）之石，称为小劫；拂尽方八十里之石，称为中劫；拂尽方八百里之石，称为大阿僧祇劫（无量劫）。”天女以天衣轻拂磐石直至消磨尽净，比喻劫期之长远。

其二为“芥子劫”。据《杂阿含经》、《大智度论》载：“谓有四十里（约 160 千米）方广之城，其内充满芥子，称为芥城。有一长寿之人，每百岁来取一芥子。纵令芥子悉数持去，劫数亦尚未尽。”芥子劫比喻劫期之悠长。

“寿限无”中的“劫”

《寿限无》是日本落语（落语是日本的传统曲艺形式之一）中的经典段子。这段落语的大意是：父母在拜托寺院给新生儿取名时，认为名字长一点比较好，把各种美好愿望都写给住持，于是孩子被取了一个非常长的名字。结果，孩子掉进水里，报信人因在报名时费时太长，致其淹死。“寿限无”即为寿命无穷无尽，寄托长命百岁之愿。在这个长长的名字中，也出现了“劫”的身影。

孩子的名字叫，“寿限无（万寿无疆）、寿限无、耗尽五‘劫’……”

40 亿年为一劫，五个 40 亿年如同“磐石劫”般劫期之长远。懂得了词语的意思，感觉更能触摸到段子中的趣味了。

由此想到，日本还有这样一句口头禅，“啊，好麻烦，懒得做”，这句话写成汉字的话，就是——亿劫。很显然，这个词表示有“一亿个‘劫’！”时间相当之漫长，所以引申为花费很长时间还是做不完，嫌麻烦、懒得动的意思。简单的口头禅，居然还有大来头。

意为未来永无休止的“未来永劫”，与“劫”息息相关。走过时间的长河，我们可以找寻出更多的“劫”。

神奇的时差！国际标准时间

12月29日

东京都丰岛区立高松小学
细萱裕子老师撰写

阅读日期 月 日 月 日 月 日

日本的白天是外国的？

大家在家里看过国外举行的奥运会、世界杯的现场直播吗？有时候夜晚的日本，电视上的国家却是在白天；有时候会发现，想要看的赛事在午夜开始比赛。

两个地区地方时之间的差别，称作“时差”。比如，日本与夏威夷相比，要比夏威夷早上 19 小时。当日本是 20 点（晚上 8 点）的时候，夏威夷就是 20 － 19 ＝ 1，即 1 点（凌晨 1 点）。

再来看看澳大利亚的悉尼。悉尼的时间比日本要早上 2 小时，因此时间是 20 ＋ 2 ＝ 22，即 22 点（晚上 10 点）。巴西的时间比日本要迟上 11 个小时，因此时间是 20 － 11 ＝ 9，即 9 点（上午 9 点）。

如何确定各地的时间？

由于地球自西向东自转，东边与西边的时刻有早迟之分。为了克服时间上的混乱，国际规定将全球划分为 24 个时区，并以英国格林尼治天文台旧址为中时区（零时区）。以本初子午线（经度0度）为基准，每个时区横跨经度15度。每个时区的中央经线上的时间就是这个时区内统一采用的时间，称为区时，相邻两个时区的时间相差1小时。

俄罗斯领土辽阔，横跨东三区到东十二区。后来，俄罗斯进行时区调整，使全国时区数由11个减少为9个。日本东西跨度约为30度，标准时间东经135度线贯穿兵库县明石市。在日本的所有地方，都使用同一个时间。

国际日期变更线

为了避免日期上的混乱，国际规定了一条国际日期变更线，作为地球上“今天”和“昨天”的分界线。按照规定，凡越过这条变更线时，日期都要发生变化：从东向西越过这条界线时，日期要加一天；从西向东越过这条界线时，日期要减去一天。世界上最早迎来新一天的，是位于国际日期变更线西侧的太平洋岛国基里巴斯。

世界上有不少国家每年要实行“夏时令”，它是一种为节约能源而人为规定地方时间的制度。在天亮早的夏季，人为将时间提前一小时，可以使人早起早睡，减少照明量，充分利用光照资源，从而节约照明用电。

从 1 层到 6 层要花多长时间

12月30日

学习院小学部
大泽隆之老师撰写

阅读日期 月 日 月 日 月 日

看一看，想一想

机器人开始爬楼梯了。从 1 层到 3 层，花费 3 分钟。机器人使用同一的速度，从 1 层到达 6 层，需要花上多少时间?

爬到 3 层需要 3 分钟，很容易就推测说到达 6 层要花 6 分钟了吧。其实，还真不是这么简单。经过计算，要花上 7 分 30 秒哦。为什么呢（图 1）?

从 1 层到 3 层，需要爬的高度是 2 层楼。一共花费 3 分钟，因此每层楼需要 1 分 30 秒。

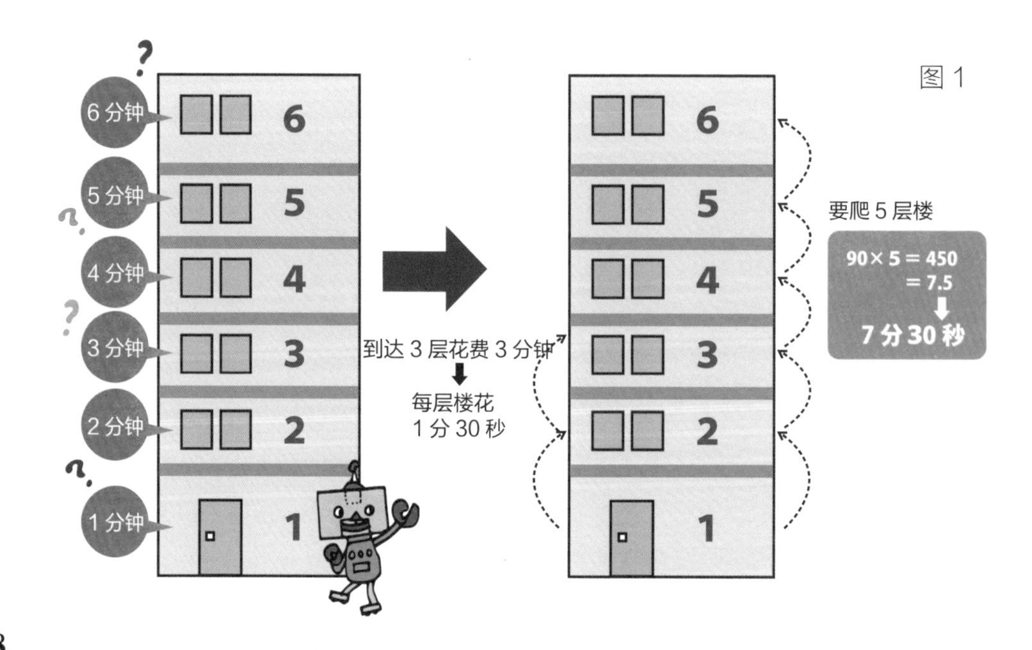

图 1

从 1 层到 6 层，就是要爬 5 层楼的高度。1 分 30 秒的 5 倍，就是 7 分 30 秒。

这个问题画了图，马上就迎刃而解了。

测量 100 米的时候

为了测量 100 米，我们可以每隔 10 米就竖起一个小旗子。最后插上一个 10 号小旗子。那么，1 号到 10 号之间的距离，就是 100 米吗？其实只有 90 米。从 1 号小旗子到 2 号小旗子，是 10 米；到 3 号小旗子，是 20 米；到 4 号小旗子，是 30 米……到 10 号小旗子，是 90 米。这个问题画了图，也能够马上迎刃而解。

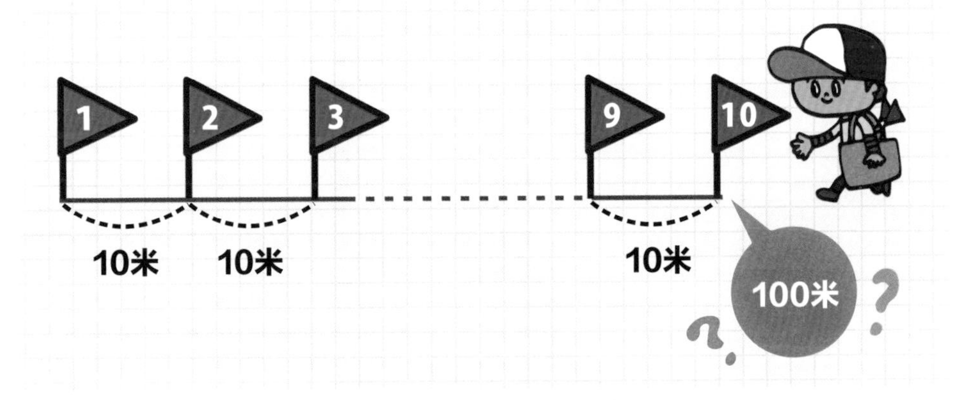

造成这样的情况，是因为间隔的数量要比标志数量少一个。让数学题目化繁为简，画图是一个好方法。

最后一天的大晦日也要想想数学哦

12月31日

明星大学客座教授
细水保宏老师撰写

阅读日期 月 日 月 日 月 日

12月31日，大晦日

日本人把12月31日称之为“大晦日”，也就是除夕日。“晦日”是“三十日”的意思，在日本的传统农历中，将每月的最后一日称之为晦日。“月隐（月末）”是晦日的别称。

12月31日，既是月的最后一日，也是年的最后一日。根据农历的习俗，因而被称为“大晦日”“大年三十”。

赶走赶走，108 种烦恼

岁末除旧布新、辞旧迎新，大年三十的晚上就是“除夕”。除夕午夜，日本各地不管大小寺庙都会敲钟 108 下，以此驱除邪恶。

据说，人有 108 种烦恼。这些烦恼源自贪、嗔、痴、慢、疑，带来了迷茫和苦闷。当夜，日本人静坐聆听“除夜之钟”，忏悔一年的罪责，请求神灵降福，赶走一切不顺遂的烦恼。钟声停歇时，就意味新年的来到。因此，除夜之钟会敲响 108 下。

有魔力的数字“108”

怀着数学的思维，来看一看数字 108 吧。108 可以被很多数整除。

如果整数 a 能被整数 b 整除，那么我们称整数 b 是整数 a 的“因数”。108 一共有 12 个因数。

108÷1=108	108÷2=54
108÷3=36	108÷4=27
108÷6=18	108÷9=12
108÷12=9	108÷18=6
108÷27=4	108÷36=3
108÷54=2	108÷108=1

在不超过 120 的数中，除了 108，还有 5 个数拥有 12 个因数。它们是 60、72、84、90、96。